Das neue Bauen mit BIM und Lean

Jetzt diesen Titel zusätzlich als E-Book downloaden und 70 % sparen!

Als Käufer dieses Buchtitels haben Sie Anspruch auf ein besonderes Kombi-Angebot: Sie können den Titel zusätzlich zum Ihnen vorliegenden gedruckten Exemplar für nur 30 % des Normalpreises als E-Book beziehen.

Der BESONDERE VORTEIL: Im E-Book recherchieren Sie in Sekundenschnelle die gewünschten Themen und Textpassagen. Denn die E-Book-Variante ist mit einer komfortablen Volltextsuche ausgestattet!

Deshalb: Zögern Sie nicht. Laden Sie sich am besten gleich Ihre persönliche E-Book-Ausgabe dieses Titels herunter.

In 3 einfachen Schritten zum E-Book:

❶ Rufen Sie die Website **www.beuth.de/e-book** auf.

❷ Geben Sie hier Ihren persönlichen, nur einmal verwendbaren E-Book-Code ein:

29953811B6K5D53

❸ Klicken Sie das „Download-Feld" an und gehen dann weiter zum Warenkorb. Führen Sie den normalen Bestellprozess aus.

Hinweis: Der E-Book-Code wurde individuell für Sie als Erwerber dieses Buches erzeugt und darf nicht an Dritte weitergegeben werden. Mit Zurückziehung dieses Buches wird auch der damit verbundene E-Book-Code für den Download ungültig.

Das neue Bauen mit BIM und Lean

Dipl.-Ing. Arch. André Pilling
Dipl.-Ing. Paul Gerrits

Das neue Bauen mit BIM und Lean

Praxisbeispiel eines mittelständischen Bauprojekts der öffentlichen Hand

1. Auflage 2021

Herausgeber:
DIN Deutsches Institut für Normung e. V.

bSD Verlag
Beuth Verlag GmbH · Berlin · Wien · Zürich

Herausgeber: DIN Deutsches Institut für Normung e. V.

© 2021 Beuth Verlag GmbH
Berlin · Wien · Zürich
Saatwinkler Damm 42/43
13627 Berlin
Telefon: +49 30 2601-0
Telefax: +49 30 2601-1260
Internet: www.beuth.de
E-Mail: kundenservice@beuth.de

© 2021 bSD Verlag
buildingSMART Deutschland e. V.
Haus der Bundespressekonferenz / 4103
Schiffbauerdamm 40
10117 Berlin
Telefon: +49 30 2363667-101
Internet: www.buildingsmart.de
E-Mail: verlag@buildingSMART.de

Titelbild: © Rzoog, Benutzung unter Lizenz von shutterstock.com
Satz: Beuth Verlag GmbH, Berlin
Druck: Drukarnia Skleniarz, Kraków

Gedruckt auf säurefreiem, alterungsbeständigem Papier nach DIN EN ISO 9706

ISBN 978-3-410-29953-0 (Beuth Verlag)
ISBN (E-Book) 978-3-410-29954-7 (Beuth Verlag)
ISBN 978-3-948742-18-8 (bSD Verlag)
ISBN (E-Book) 978-3-948742-19-5 (bSD Verlag)
ISBN (Kombi) 978-3-948742-20-1 (bSD Verlag)

Inhaltsverzeichnis

Grußwort

Ina Scharrenbach, Ministerin für Heimat, Kommunales, Bauen und Gleichstellung des Landes Nordrhein-Westfalen

© MHKBG/F. Berger

DAS NEUE BAUEN ist digital. Von der Planung und Genehmigung über die Ausführung bis zur Bewirtschaftung und Modernisierung: Die Digitalisierung wird sich in allen Entstehungs- und Lebenszyklen eines Gebäudes durchsetzen. Das Land Nordrhein-Westfalen treibt diese bahnbrechende Innovation energisch voran. Als erstes Bundesland haben wir uns bereits im Jahr 2017 die Implementierung des Building Information Modeling (BIM) zum Ziel gesetzt.

Die flächendeckende Einführung von BIM ist für die gesamte Branche eine gewaltige Herausforderung. Das Ministerium für Heimat, Kommunales, Bau und Gleichstellung des Landes Nordrhein-Westfalen versteht sich in diesem Prozess als Impulsgeber und hat dazu ein BIM Competence Center eingerichtet. Mit unserem „BIM-CC" führen wir das exzellente Wissen aller beteiligen Akteurinnen und Akteure zusammen, wir bündeln die neuesten wissenschaftlichen Erkenntnisse und organisieren den Austausch zwischen Verwaltung, Wirtschaft und Forschung.

Dabei sind sich alle Beteiligten einig: Die größte Hebelwirkung bei der Implementierung des Building Information Modeling wird von realisierten Projekten ausgehen. Folglich können gerade die kommunalen Bauherren der Anwendung von BIM in der Breite einen starken Schub verleihen. Unsere Aufgabe als Landesregierung liegt also darin, die nordrhein-westfälischen Kommunen auf diesem Weg zu stärken. Deshalb arbeiten wir an konkreten Handlungsempfehlungen für die Umsetzung von BIM im öffentlichen Hochbau und veröffentlichen einen Qualifizierungsleitfaden für systematische BIM-Schulungen der Fachleute in den kommunalen Baubehörden.

Die Digitalisierung trägt entscheidend dazu bei, dass zügiger und kostengünstiger gebaut werden kann. Deshalb wollen wir uns auch in den Baugenehmigungsverfahren digitaler Werkzeuge bedienen. Mehr Transparenz und Effizienz, weniger Aufwand pro Vorgang – dafür hat die Landesregierung gemeinsam mit sechs Kommunen im Juni 2018 das Modellprojekt „Digitales Baugenehmigungsverfahren in Nordrhein-Westfalen" ins Leben gerufen. Das Unterstützungspaket des Landes wird aus zwei wesentlichen Komponenten bestehen: einem Bauportal und einer Kommunikationsplattform für eine effiziente Zusammenarbeit aller an den Genehmigungsprozessen beteiligten Akteurinnen und Akteure.

Das Bauportal ist bereits online erreichbar. Hier finden Bürgerinnen und Bürger, Planerinnen und Planer und auch Unternehmen alle Informationen rund um das Baugenehmigungsverfahren und verwandte Verwaltungsleistungen. Im nächsten Schritt öffnen wir für die kommunalen Bauaufsichtsbehörden die Option, sich an einem digitalen Antragsassistenten zu beteiligen: Dann können Bauanträge digital übermittelt werden – zunächst für das einfache und Zug um Zug für weitere Baugenehmigungsverfahren. Unsere Tools sind vollständig kompatibel mit dem bundeseinheitlichen und verbindlichen Austauschstandards XBau. Langfristig möchten wir den digitalen Bauantrag zum BIM-basierten Bauantrag weiterentwickeln, dazu unterstützen wir einschlägige Forschungsprojekte.

Ausbauen wollen wir also digitale Methoden und Prozesse – und innovative Technologien ebenfalls. Nordrhein-Westfalen soll auch hier zum Vorreiter werden, um die Wettbewerbsfähigkeit der nordrhein-westfälischen Bauwirtschaft für die Zukunft zu sichern und um tragfähige Lösungen für knapper werdende Ressourcen und Klimaveränderungen zu entwickeln. Dazu unterstützen wir Vorhaben im Bereich des 3-D-Drucks von Gebäuden und den Einsatz von Robotern in der Bauindustrie.

Nordrhein-Westfalen hat sich entschlossen positioniert, um den digitalen Wandel aktiv zu gestalten. Sehr viele Unternehmen und Institutionen im Land agieren zukunftsweisend und sind bereits auf Innovation ausgerichtet. Und so wird dieses Buch eine breite und interessierte Leserschaft finden. Die praktische Anwendung von BIM und LEAN, wie sie hier anschaulich am Beispiel eines öffentlichen Gebäudes dargestellt wird, ermutigt zur Nachahmung.

Effiziente und schlanke Prozesse sind unabdingbar, um die immer größer werdende Komplexität am Bau zu beherrschen. Prozessorientiertes Denken und Handeln wird die Projektabwicklung künftig prägen. Und mit Mut, Neugier und Enthusiasmus wird DAS NEUE BAUEN gelingen.

Ina Scharrenbach

Ministerin für Heimat, Kommunales, Bau und Gleichstellung
des Landes Nordrhein-Westfalen

Grußwort

Gunther Wölfle, Geschäftsführer buildingSMART e. V.

Building Information Modeling – BIM – steht für einen weitreichenden Wandel des Planens, Bauens und Betreibens. Dieser Wandel wird durch digitale Methoden und Techniken gleichermaßen ausgelöst wie auch bedingt. Er erfasst die Baubranche als Ganzes sowie jedes einzelne Unternehmen, gleich welcher Größe und Art. buildingSMART Deutschland begleitet und befördert diesen Wandel: als neutrale und offene Plattform für den Wissens- und Erfahrungsaustausch, als Non-Profit-Organisation, die Standards für den offenen und herstellerneutralen Informationsaustausch erarbeitet, und als Verband, um BIM und digitale Methoden und Techniken für die gesamte Wertschöpfungskette Bau in Deutschland voranzutreiben. Ziel ist, das Planen, das Bauen sowie das Bewirtschaften und Betreiben von Bauwerken effizienter, nachhaltiger und nutzergerechter zu machen.

In Deutschland haben sich bereits etliche Unternehmen den Herausforderungen der Digitalisierung und insbesondere der Einführung von BIM gestellt, doch viele zögern noch. Bringt das wirklich was? Wie hoch sind die nötigen Investitionen? Ziehen meine Mitarbeiterinnen und Mitarbeiter mit? Wird das von den Auftraggebern auch honoriert? Diese und weitere Fragen stellen sich den Unternehmen, besonders den mittelständischen und kleineren Unternehmen der Bauwirtschaft. Diese Fragen sind nicht trivial und sie sind absolut legitim.

Wir wissen aus Umfragen und auch aus vielen persönlichen Gesprächen, dass BIM mehr Effizienz beim Planen und Bauen und auch beim Betrieb von Bauwerken bringt. Mitglieder von buildingSMART Deutschland berichten darüber in unseren Veranstaltungen offen und durchaus auch mit kritischem Blick, etwa bei unserem traditionellen buildingSMART-Anwendertag, bei dem immer schon der Austausch über konkrete Anwendungen und Erfahrungen im Mittelpunkt steht. Dass BIM nicht einfach eine neue Software ist, ist in der Branche längst angekommen. Ebenso, dass sich die Art der Zusammenarbeit ändert, es neue Prozesse und Abläufe gibt und manch tradierte Übereinkunft an Stellenwert verliert. Wir erleben, dass durch und mit BIM auch eine neue positive Motivation für das Planen und Bauen entsteht. Beispielsweise können Routinearbeiten zu einem großen Teil automatisiert werden, sodass sich Planer wieder mehr auf ihre Kernaufgaben konzentrieren können. Bauausführende wiederum erhalten bessere und in sich stimmige Pläne. Und Bauherren erhalten mit der Übergabe des fertigen Bauwerks verlässliche Datengrundlagen für Betrieb und Bewirtschaftung. Insgesamt trägt BIM dazu bei, dass es weniger Konflikte gibt, und befördert eine konstruktive, kooperative Zusammenarbeit in der Baubranche.

Hunderte, wenn nicht gar tausende Beispiele für gelungene BIM-Projekte gibt es bereits in Deutschland. Dieses Buch beschreibt eines. Es wird anschaulich dargestellt, wie BIM für alle im Projekt Beteiligten deutlichen Mehrwert erbringt: Mehrwert für die am Planungsprozess beteiligten Architekten und Ingenieure sowie Mehrwert für die bauausführenden Gewerke bis hin zu den Handwerkern. Gutes Planen und Bauen mittels BIM bedeutet nicht zuletzt auch für den Bauherrn und die Nutzer einen Mehrwert, die sich – wie im dargestellten Fall – über ein tolles neues Schwimmbad freuen können. Gerade solche öffentlichen Bauwerke machen deutlich, dass BIM nicht ein modischer Selbstzweck ist. Es geht darum, Bauwerke nutzergerecht und nachhaltig und eben auch mit Freude am Planen und Bauen zu verwirklichen.

Gunther Wölfle

Geschäftsführer von
buildingSMART Deutschland

Grußwort

Stefanie Samtleben, Mittelstand 4.0-Kompetenzzentrum Planen und Bauen

Das Mittelstand 4.0-Kompetenzzentrum Planen und Bauen hat in den letzten zweieinhalb Jahren hunderte kleinere und mittelständische Unternehmen aus allen Bereichen der Bauwirtschaft bei der Digitalisierung unterstützt. Dies ist der Auftrag des Bundesministeriums für Wirtschaft und Energie, das unser Kompetenzzentrum im Rahmen der Initiative Mittelstand-Digital fördert und trägt. Wir haben dabei festgestellt, dass das Thema BIM sehr heterogen verbreitet und teilweise auch ziemlich kontrovers wahrgenommen wird.

Während Planer oft schon konkrete Vorstellungen und auch praktische Erfahrungen mit der Arbeitsmethode BIM mitbringen, suchen Projektentwickler und Facility Manager zumeist noch nach dem konkreten Nutzen. Und während sich Tiefbauer schon immer einen durchgängigen Datenaustausch von der Planung bis zur Ausführung wünschen, ist besonders der Innenausbau noch wenig mit BIM in Berührung gekommen – dies mag daran liegen, dass der Innenausbau zumeist von kleineren Handwerksbetrieben ausgeführt wird. Es fehlen schlicht die Erfahrungen, welchen Nutzen die Methode liefert, und häufig müssen die technischen Voraussetzungen auch erst geschaffen werden – die Investitionen in Hard- und Software, aber auch in die nötigen Qualifikationen sind für kleinere Betriebe eine nicht zu unterschätzende Hürde.

Während im Tiefbau direkt große Baumaschinen von digitalen Daten profitieren, da sie damit teilautomatisch gesteuert werden und Qualitätsinformationen im digitalen Modell ergänzen können, muss für den Innenausbau noch geklärt und gut beschrieben werden, welche Informationen überhaupt gebraucht werden und wirklich nützlich sind. Digitale Modelle aus der Planung gelangen so bisher noch kaum oder auch gar nicht an die ausführenden Unternehmen, seien es Bauunternehmen oder auch Unternehmen des Handwerks. So beobachten wir besonders hier eine abwartende Haltung, die sich aus einer Reihe von (durchaus nachvollziehbaren!) Motiven speist: Der noch ungenügend erkennbare konkrete Nutzwert ist bereits angesprochen worden, hinzu kommen vielerlei rechtliche Bedenken und die allseits bekannten Probleme, die es bei der Übergabe von Daten gibt, etwa wenn proprietäre Datenformate eingesetzt werden oder der Export in das herstellerneutrale Format IFC nicht in der erforderlichen Güte erfolgt ist.

Wir vom Mittelstand 4.0-Kompetenzzentrum Planen und Bauen möchten, ebenso wie dieses Buch, motivieren, nicht länger abzuwarten. Auch jene Bereiche der Bauwirtschaft, die sich noch eher zögerlich dem Thema BIM und ganz allgemein der Digitalisierung widmen, können von und durch digitale Methoden und Werkzeuge profitieren. Eine wichtige Voraussetzung ist jedoch, dass die einzelnen Bereiche der Bauwirtschaft – und konkret angesprochen seien die bauausführenden Gewerke – eine aktive Rolle bei der Gestaltung von Digitalisierung einnehmen.

So ist wesentlich, dass die bauausführende Seite konkret formuliert, welche Informationen, welche Daten sie in welcher Güte und Qualität benötigt, damit sich die möglichen Effizienzgewinne durch Digitalisierung auch für sie ergeben können.

Ganz konkret heißt das, dass die AIA als Austausch-Informationsanforderungen begriffen werden, die jeder Akteur aus seiner Perspektive klären und erklären können sollte. Der Auftraggeber steht hier nicht in der Pflicht, für alle vorauszudenken. Auch er beschreibt letztlich nur jene Anforderungen an Informationen und Daten, die er für seine Zwecke benötigt. Daher ist es umso wichtiger, den Abwicklungsplan (BAP) als ein lebendiges, sich im Projektfortschritt weiterentwickelndes Dokument zu begreifen. Um die Ziele des Bauherrn erfüllen zu können – dazu zählen unbedingt Termin- und Kostentreue –, hat jeder Akteur, jedes Gewerk einen anderen, mitunter sehr unterschiedlichen Informationsbedarf, den er im Abwicklungsplan darstellen sollte. Mehr als bisweilen auf Baustellen üblich und bekannt führt dies zu einer echten kollaborativen Arbeitsweise, die den gemeinsamen Projekterfolg nicht aus dem Blick verliert. Gut erklärte, detaillierte Praxisbeispiele helfen, dieses fundamentale Verständnis von BIM aufzubauen und zu verbreiten.

Dieses Buch ist dafür ein exzellenter Beitrag – es hilft, BIM zu verstehen und zu verstehen, welche gewaltigen Vorteile und Nutzwerte das digitale Planen, Bauen und Betreiben für die mittelständisch geprägte Bauwirtschaft haben kann. Unserer Erfahrung nach ist es wesentlich, aus der Praxis zu berichten und konkrete Anwendungen zu betrachten und diese zu erläutern.

Die öffentliche Hand als einer der wichtigsten Auftraggeber für die heimische Bauwirtschaft hat in weiten Teilen erkannt, welche Potenziale BIM bietet. Im Infrastrukturbau wird BIM mehr und mehr zum Standard – der Auftraggeber fordert und fördert BIM aktiv. Auch der Hochbau wird mehr und mehr BIM fordern.

Ein wichtiger Aspekt der Digitalisierung im Bauwesen – er stellt sich im Großen wie im Kleinen – betrifft die Durchlässigkeit von Daten. Allgemein als openBIM bezeichnet ist damit die Nutzung von Informationen und Daten über Software- und Systemgrenzen hinweg gemeint. Besonders für die mittelständisch und eher kleinteilig geprägte deutsche Bauwirtschaft ist es wesentlich, dass die digitale Rendite sich auch in ihren Büchern niederschlägt und sich Digitalisierungsgewinne somit nicht ausschließlich bei der Software- und Computerindustrie einstellen. Eine Möglichkeit, zum einen Erfahrungen zu sammeln und zum anderen den reibungslosen Datenaustausch sicherzustellen, bieten feste Partnerschaften. Dieses Buch geht auch auf diesen Punkt ein und zeigt, wie in Projekten der Austausch von Informationen und Daten über verschiedene Softwareprodukte hinweg funktioniert und welche Chancen Totalübernehmer in Projekten der öffentlichen Hand für kleine und mittlere Unternehmen bieten.

Jenseits von technischen und informationstechnischen Fragen jedoch bleibt festzustellen: Wer die Methode BIM verinnerlicht hat und sie beherrscht, wird kreative Lösungen für alle aufkommenden Fragen finden und neue, inspirierende Ansätze für besseres Planen, Bauen und Betreiben entwickeln. Dieses Buch bietet dafür wertvolle Anregungen und konkrete Anknüpfungspunkte aus der Praxis.

Stefanie Samtleben

Kompetenzzentrum Planen und Bauen 4.0

Autorenporträt André Pilling

Dipl.-Ing. André Pilling, geschäftsführender Gesellschafter und Gründer der POS4 Architekten Generalplaner und der DEUBIM, realisierte als Architekt bereits zahlreiche Projekte im Handels-, Gewerbe-, Wohn- und Sportstättenbau. Nach der Grundlagenvermittlung im Bauingenieurstudium an der RWTH Aachen wechselte er an die Peter Behrens School of Architecture, Düsseldorf, wo er sich insbesondere dem konzeptionellen Entwurf widmete. Bereits während seines Architekturstudiums, das er 1999 erfolgreich abschloss, gründete er seine eigene Planungsgesellschaft und war freiberuflich für den schwedischen Planungskonzern FFNS, Mitbegründer der heutigen Sweco, sowie RKW Architektur & Städtebau tätig.

Seine Planungsgesellschaft POS4 Architekten Generalplaner mit Sitz in Düsseldorf, in welcher er seit dem Jahr 2000 praktiziert, nutzt BIM über alle Leistungsphasen der Planung und projektiert und realisiert Projekte, insbesondere mit den Schwerpunkten Handelsimmobilien, Wohnungsbau sowie Sportstätten und Schwimmbäder.

Die von André Pilling in 2014 begründete DEUBIM ist ein unabhängiges Beratungsunternehmen mit der Spezialisierung auf die digitale Transformation der Bau- und Immobilienwirtschaft. Im Rahmen von ganzheitlichen Digitalisierungskonzepten zählt die BIM-Methode zu den Kernkompetenzen des Unternehmens. Dabei werden Lösungsansätze mit der im Unternehmensverbund befindlichen POS4 auf Praxisnähe und Effizienz erprobt. Zunächst gemeinsam mit dem Kooperationspartner TÜV SÜD Akademie wurden BIM-Inhalte nach neuestem Stand der Forschung und Entwicklung in der Fort- und Weiterbildung gelehrt. Damit zählte die Kooperation bereits sehr früh zu den führenden Weiterbildungsinstituten in Deutschland und betreibt bereits seit 2014 erfolgreich Schulungen. 2018 wurde der Unternehmensverbund von André Pilling um die

EDUBIM-Produkte ergänzt, die Schulungskonzepte und Lernarchitekturen mit dem Fokus auf BIM anbieten. Entsprechend den Kundenanforderungen einer zügigen und fundierten BIM-Ausbildung fokussieren sich EDUBIM-Produkte auf neue Formen des Lernens mit interaktiven, mehrstufigen E-Learning- und Blended-Learning-Angeboten. Die Qualifizierung von BIM-Anwendern erfolgt nach den Vorgaben des Kunden oder dem individuellen Bedarf der Interessenten. Die EDUBIM-Produkte sind gelistete Fort- und Weiterbildungsangebote nach dem VDI/buildingSMART Programm Professional Certification.

Die DEUBIM ist Mitglied im buildingSMART Deutschland e.V. (bS), dem deutschsprachigen Chapter von buildingSMART International (bSI), und von Beginn an im BIM-Cluster Rhein-Ruhr, den bS-Regionalgruppen Rhein-Ruhr und Rheinland. André Pilling ist stellvertretender Sprecher des Präsidiums von buildingSMART Deutschland.

Zahlreiche Vertragsveranstaltungen, Dozenten- und Seminartätigkeiten und Fachpublikationen zum Thema BIM wie auch Jurymitgliedschaften in Architekturwettbewerben und im Nachwuchswettbewerb „Intergrale Planung“ des VDI begleiteten den Werdegang André Pillings. Bereits seit 2014 war er darüber hinaus Gremiumsmitglied (stellv. Arbeitskreisleiter) des VDI Arbeitskreises 2552 Blatt 6: „BIM und FM“ und wurde im Jahr 2015 ebenfalls zum Gremienmitglied des bS/VDI 2552 Blatt 8: „BIM-Qualifizierung“ und dem VDI Blatt 10: „Auftraggeber-Informationsanforderung und BIM-Abwicklungsplan“ berufen.

André Pilling ist Autor des Buches „BIM – das digitale Miteinander. Planen, Bauen und Betreiben in neuen Dimensionen“, erschienen bei DIN im Beuth Verlag 2016.

Mit dem Anspruch qualifizierter Wissens- und Kompetenzvermittlung agiert er darüber hinaus zunächst in 2016 als Vertreter des bS Deutschland e.V. im buildingSMART International Arbeitskreis „Professional Certification“, um internationale Industriestandards auch in der Fort- und Weiterbildung zu etablieren. Seit 2017 leitete er das buildingSMART Zertifizierungsprogramm „Professional Certification“ in Deutschland und ist Mitglied des Advisory Panel des Programms auf internationaler Ebene. Er ist im Beirat „Weiterbildung“ bei der planen-bauen 4.0, war als Dozent der TÜV Süd Akademie, der Akademie der Ruhr-Universität Bochum tätig und hält einen Lehrauftrag an Akademie der Hochschule Biberach.

Seit 2019 ist André Pilling im Beirat für Architektur des VDI Verein Deutscher Ingenieure und im Beirat der Akademie der Hochschule Biberach vertreten.

In 2020 wurde er Mitbegründer von IMTI, der offenen Plattform für digitale Zwillinge und das modulare Bauen in Holz.

Autorenporträt Paul Gerrits

Dipl.-Ing. Paul Gerrits, seit 2012 Geschäftsführer von Pellikaan Bauunternehmen Deutschland GmbH, ist schon seit Jahrzehnten tätig im Bereich von Sport- und Leisure-Projekten in Deutschland. Nach seinem Studium zum Bauingenieur hat er bei einem renommierten Architektenbüro in den Niederlanden angefangen. Hier war er schon in den 1980er-Jahren damit beschäftigt, das Büro zu digitalisieren, unter anderem mit CAD-Lösungen. In 1990 begann er bei dem Generalunternehmer Pellikaan und realisiert seitdem Projekte in den Niederlanden, Großbritannien, Belgien und in Deutschland.

Innerhalb der Firma Pellikaan ist es Paul Gerrits' Anliegen, Unternehmen und Prozesse zu innovieren. Er ist Gründer des Digital Support Team (DST), einem Team mit der Aufgabe und Vision, alle Prozesse innerhalb des Bauunternehmens zu digitalisieren. Für die Akquisition wurde beispielsweise schon eine VR-App entwickelt wie auch ein AR-App. Prozesse optimieren und Mitarbeiter hierfür zu motivieren ist seine Kernkompetenz.

Sein Fachwissen im Bereich von Sporthallen und Schwimmbädern ist groß. Er ist ein gefragter Sprecher auf Seminaren und Veranstaltungen im Bereich von BIM für Bauprojekten.

Paul Gerrits ist Mitglied des Arbeitskreises Bäder der IAKS Deutschland und gehört zu den Mitgliedern der Internationalen Expertenzirkel Bäder der IAKS International.

Vorwort
„Digitales Miteinander, Teil 2?“

Einige von Ihnen haben vielleicht schon „BIM – das digitale Miteinander“ gelesen, davon gehört oder leben es sogar schon in Ihren Planungs- und Bauprojekten oder in Ihren Immobilienbeständen und Liegenschaften. Nun geht es noch mal mehr um das Miteinander, welches wir doch im Bauen irgendwie oft verlernt haben. Das Miteinander in diesem Buch handelt auch von der Kombination verschiedener Methoden, wie BIM und Lean. Wir möchten mit diesem Buch entlang eines Werkberichtes zu einem konkreten, realisierten Bauvorhaben tangierende Themenfelder streifen und einen neugierigen Blick auf DAS NEUE BAUEN richten. Viel hat sich in den letzten Jahren, Jahrzehnten, Jahrhunderten, ja sogar Jahrtausenden nicht getan im Bauen. Das ist einerseits schön, denn es gibt eine Baukultur und eine gewisse Sicherheit in dem, was wir tun. Andererseits sehen wir zunehmend, wie andere Industrien sich verändern und Industriegiganten durch die Digitalisierung verschwinden. Der Disrupter geht um, steht er bald auch vor unserer Tür? Lassen Sie uns in diesem Buch einen realistischen, pragmatischen Ausblick auf unsere Möglichkeiten im Rahmen der Digitalisierung der Wertschöpfungskette Bau werfen, ohne – technologieverliebt – nur taktisch, wenig strategisch das IT-Budget zu erhöhen. Dabei sind es die Prozesse, die sich zugunsten von digitalen Optimierungspotenzialen ändern, die Technologie als Gehilfe zum Zweck. Haben Sie bemerkt, dass das Wort digital und Digitalisierung nun schon mehrfach aufgetaucht ist? Und wir sind noch ganz am Anfang des Buches. Manchmal ist es ein bisschen viel Digitalisierung, was uns da im Alltag entgegenschwappt. Hat dieses Buzzword die Kraft, das Althergebrachte aus Jahrtausenden zu verändern, Geschichte neu zu schreiben? Und was passiert dann mit unserer Kultur? Fakt ist, dass wir in der Bau- und Immobilienwirtschaft noch eine Steinzeitbranche im Digitalkontext sind. Das tut uns im Rahmen der Produktivität sehr weh, ist aber die Chance, aktiv mit an der Geschichte schreiben zu können, ohne getrieben zu werden; wenn wir denn nun auch aufwachen und die Veränderung anerkennen und sie mitgestalten. Im Produktivitätsindex der deutschen Schlüsselbranchen sind wir zusammen mit den freiberuflichen Dienstleistern Schlusslicht. Während wir privat Musik und Bewegtbilder über Plattformen streamen, Autos teilen und on demand buchen, sitzen fleißige Eisenbieger mit Papierplänen auf der Baustelle und bauen Bauwerke für die Ewigkeit. Der Anspruch ist ja legitim, aber meistens fällt uns schon nach 30 oder 40 Jahren auf, dass die Ewigkeit nun ein Ende haben soll und mit gigantischem Energieaufwand und Ressourcenverschwendung versuchen wir dann, alles wieder zu entheddern und zu entsorgen. Während dieser – für die Menschheit kurzen – Nutzungsdauer eines Bauwerks verlegen wir aber noch sukzessive alle Pläne und Dokumente, die uns ermöglicht hätten zu wissen, was wir denn da zurückbauen müssen. Die kurze Nutzungsphase war aber lange genug, aus einem Baumaterial einen Schadstoff werden zu lassen. Sie finden das sarkastisch oder Schwarzmalerei? Es geht noch besser: Wir schaffen es noch nicht einmal, unsere kurzweiligen Traditionsbauwerke pünktlich und im Kostenrahmen fertigzustellen! Sind die unglaublichen Bauzeitverlängerungen mancher Projekte der verzweifelte Versuch, unsere Neuzeitbauwerke ein bisschen länger um uns zu haben? 2016 wurde in „BIM – das digitale Miteinander" ketzerisch die Frage gestellt, ob mit BIM der BER schon einsatzfähig wäre. Die Frage können und werden wir uns immer noch stellen, gleichwohl eröffnet und dann von der COVID-Luftfahrtkrise direkt eingeholt. Lassen Sie uns die jahrtausendealte Baukultur auch hier noch mal festmachen. Unlängst wurde im Postillon von einem sagenhaften Fund in Brandenburg berichtet: „Archäologen entdecken historische Ruine ungeahnten Ausmaßes im Süden Berlins!" Man diskutiert, ob es sich um eine gigantische Opferstätte handelt, aber ein übergeordneter Plan sei nicht zu erkennen, heißt es da. Doch als neuer Tourismusmagnet plant man, in der Nachbarschaft der Ruine einen Flughafen zu errichten. Sie finden, dass BER-Anekdoten überflüssig sind? Nein, sorry, aber das schadet dem Ansehen unserer gesamten Industrie, und das auch noch international. Und leider ist das Projekt ja kein Einzelfall, wohl aber das meistzitierte. Was läuft denn da schief? Vergabe- und Projektstrukturen, Planungsmethoden und Abwicklungen wie auch die Qualitätssicherungsszenarien müssen auf den Prüfstand! Um es vorwegzunehmen, auch digital bleiben „Sch ...ßprozesse" „Sch ...ßprozesse" und *BIM oder BER* ist nur ein plakativer Slogan.

Bauprojekte im Zeit- und Kostenrahmen abzuwickeln stellt zunehmend für die öffentliche Hand, aber auch für die Privatwirtschaft eine Herausforderung dar. Building Information Modeling und Lean Construction ermöglichen allerdings in der Kombination relevante Methoden der Projektabwicklung, die die Risiken der Zeit- und Kostenverfehlung drastisch minimieren können. Was es mit den beiden Methoden der Projektabwicklung auf sich hat und welche Synergien sich ergeben, lesen Sie in den folgenden Kapiteln.

Die Pilotprojekte des BMVI und der Initiativen des Mittelstand 4.0 Kompetenzzentrums Planen und Bauen zeigen anschaulich, wie BIM bei Großprojekten angewandt werden kann. Auch ist auf Bundes- und Landesebene bereits einiges angestoßen worden, um die Digitalisierung voranzutreiben. Die Reformkommission Großprojekte hatte ja den Stufenplan des BMVI initiiert und entsprechende Pilotierungen zur Erfahrungssammlung und Dokumentation ausgelöst.

Doch wie sieht die Anwendung bei kleinen und mittleren Projekten aus und ist das auch für die mittelständigen Beteiligten der Wertschöpfungskette Bau zu schaffen? Was muss der Auftraggeber in der Kommune denn nun wissen? Vielen Beteiligten der Wertschöpfungskette Bau fällt es schwer, aufgrund der Größe und Komplexität konkrete Ableitungen aus den Pilotprojekten für die eigene Arbeit zu tätigen. Aus diesem Grund hat das Bundesamt für Bau-, Stadt- und Raumforschung BBSR im BMI den „BIM-Leitfaden für den Mittelstand" herausgegeben, in dem anhand eines überschaubaren Bauvorhabens die Abwicklung mit der BIM-Methode veranschaulicht wurde und die mittelstandsgeprägten Projektbeteiligten anschaulich über AIA, BAP, Anwendungsfälle, Erfolge und Misserfolge resümieren. Wir durften als beteiligter Planer und BIM-Berater an der Handreichung mitarbeiten und freuen uns sehr über den Erfolg des Werkes.

Wir möchten Ihnen Antworten auf das „Wie?" am Beispiel des Bauprojektes „Hallenbad Werdohl" geben, indem sämtliche Prozesse der Abwicklung dokumentiert und anschaulich berichtet werden. Dabei wollen wir nicht nur Schulterklopfen auslösen, sondern auch kritisch schauen, wo die Herausforderungen lagen. Dabei werden auch aktuelle Themen wie Vergaberecht, die aktuelle Situation der Bäderlandschaft in Deutschland sowie die Einbindung der Bauausführenden und Produkthersteller im BIM-Kontext berührt. Und da gab es die ein oder andere Überraschung im Projekt. Der Mittelstand ist stark, wendig und agil, so viel vorab! Der öffentliche Auftraggeber kann den Mehrwert der Methoden bereits heute für seine Projekte in Anspruch nehmen, wenn sie gut und strategisch vorbereitet sind.

Die Methoden und Prinzipien lassen sich auf andere Bauaufgaben und Projektgrößen einfach übertragen. Außerdem ist das Beispiel der öffentlichen Hand übertragbar auf die Aufgabenstellungen in der Privatwirtschaft.

Während der Reise entlang unseres Projektes werden Sie es auch mit verschiedenen Zwillingen zu tun bekommen und wir sprechen immer wieder über Modelle. Was meinen wir damit? Modelle sind ein Abbild einer zu erwartenden Realität ohne den Anspruch, realisiert zu werden. Das heißt, Modelle im BIM-Kontext sind Repräsentanzen von grafischen und alphanumerischen Daten sowie weiterführenden Informationen wie Dokumenten, Bauwerksinformationsmodellen. Damit schaffen wir also Zwillinge, sogenannte Building Twins, die uns die Möglichkeit von Simulationen geben und uns für Anwendungen im Planen, Bauen und Betreiben von Bauwerken bereitstehen. Wir sehen drei Ausprägungen: den Product Twin, den Construction Twin und den Performance Twin. Auch dazu später mehr ...

Hat auch dieses Buch einen Zwilling?

Wie lese ich dieses Buch? So, wie Sie immer Bücher lesen! Sie wissen schon: von vorne nach hinten, kapitelweise oder wie Sie es am liebsten mögen. Analog in Papierform oder digital als E-Book. Je nach Schwerpunkt Ihres Interesses überspringen Sie die Tangentialkapitel einfach. Aber vielleicht finden Sie auch darin eine neue Erkenntnis, die für Ihre Arbeit oder Ihr Handeln relevant sein kann. Auch dieses Buch hat, ähnlich wie in „BIM – das digitale Miteinander" einen „digitalen Zwilling". Um die Digitalisierung zu spüren und um uns vielleicht auch ein bisschen romantisch wieder auf die analoge Welt zu besinnen, spielt dieses Buch in zwei Welten.

Immer wenn Sie einen QR-Code entdecken, gibt es eine Brücke zum digitalen Zwilling. Scannen Sie dann bitte die Seite mit Ihrem Tablet oder Smartphone, um Zusatzinhalte zu entdecken. Haben Sie keine Angst vor Neuem, verstehen Sie die Änderung als Spiel. Wir wünschen Ihnen viel Spaß beim „digitalen Miteinander mit BIM und Lean"!

Der mehrdimensionale Ansatz der Implementierung unserer Schweizer Nachbarn bei der SBB AG hat anschaulich gezeigt, dass zunächst organisatorische Aufgaben in der Transformation angegangen werden müssen, um dann projektspezifisch in den Genuss von Mehrwert kommen zu können, und dass dabei stets der Mensch als entscheidender Faktor in Bezug auf das Wollen, Dürfen und Können berücksichtigt werden sollte. In unserem Projekt Hallenbad Werdohl war der Weg etwas ungewöhnlich, da dem Bauherrn die BIM-Methode durch den Totalübernehmer herangetragen wurde und die ersten Erfahrungen tatsächlich am Projekt erfolgten.

Im folgenden Interview beantwortet Frank Schlutow, Geschäftsführer der Bäderbetriebe Werdohl, Fragen rund um den BIM-Einsatz in seinem Projekt und warum es denn wirklich von der öffentlichen Auftraggeberseite Sinn gemacht hat, BIM und Lean im Projekt zu unterstützen:

1 Warum dieses Buch?
Es ist unsere Umwelt, unsere Kultur und unser Geld!

Das Jahr 2020 wird in die Geschichtsbücher eingehen. Ein unsichtbarer Feind stellt die Welt auf den Kopf, führt zu Unheil und Chaos und wird uns wahrscheinlich noch jahrelang auf Trab halten. COVID-19 hat die Welt verändert und uns aufgefordert umzudenken. Wer hätte gedacht, dass wir einmal in unseren Häusern getrennt voneinander verweilen müssen, dass eine EXPO REAL oder BAU München abgesagt wird, dass wir alle Mundschutz tragen und ein ungutes Gefühl mit Menschenansammlungen einhergeht. Schauen wir einhundert Jahre zurück, stehen die Goldenen Zwanziger für den Wirtschaftsaufschwung in den Industrieländern. Was einige Jahre florierte, sollte mit der Weltwirtschaftskrise ein jähes Ende haben. Und ein bisschen ist es gerade auch wieder so, nur dass die Hochkonjunkturphase schon im letzten Jahrzehnt begonnen hat. Es läuft, auch in der deutschen Bauindustrie. Volle Auftragsbücher! Haben Sie im letzten Jahr vielleicht versucht, einen Handwerker zu bekommen? Da sind Vorläufe von einem halben Jahr keine Seltenheit. Und genau da trifft uns die Pandemie mit voller Wucht. Noch ist schwer absehbar, ob und, wenn ja, welche Auswirkungen sie auf die heimische Bauwirtschaft haben wird. Fest steht jedoch, dass es so wie bisher nicht weitergehen kann. Die Zahl der Kurzarbeiter ist höher denn je und wollen wir hoffen, dass das Instrument zur wirtschaftlichen Überbrückung von Engpässen wieder in normale Festanstellungen mündet. Fakt ist jedoch, dass digital arbeitende Unternehmen die Krise besser bewältigen als Unternehmen, die sich der Digitalisierung noch nicht gestellt hatten.

Das Leben hat sich bereits gravierend gedreht und unsere Umwelt verlangt aktiv nach sichtbaren Veränderungen, auch Veränderungen unseres Lebensraums. Die Pandemie wird uns zukünftig in unserem Wohn- und Arbeitsverhalten wie auch in unserer Freizeit zu neuen Lösungen in der Architektur und im Städtebau auffordern. Wenn wir über Mindestabstände diskutieren, dann sind wir schnell in unserer gebauten Umwelt, in der Stadt und ihrer Infrastruktur, in der Wohnung oder am Arbeitsplatz. Wie wir alle wissen, tut Veränderung aber oft weh! Das Althergebrachte möchten wir nicht loslassen. Es gilt schließlich, Traditionen zu bewahren, und eigentlich läuft es doch ganz gut und irgendwie schaffen wir es, mit einem blauen Auge davonzukommen. Und genau da möchten wir uns nicht anschließen. „DAS NEUE BAUEN" ist keine Liebeserklärung an die Geschichte und eine Lobeshymne für die „Bewahrer". Es will ermutigen zum Umbruch, helfen, die Veränderung zu meistern, und schonungslos über Problemstellung und mögliche Lösungen berichten. Aber Corona ist nun wirklich nicht der Grund für dieses Buch. Vielmehr hat uns die Pandemie in der Startphase der aktiven Erarbeitung ereilt und auch bei diesem Projekt vor Herausforderungen gestellt. Corona hat gerade nur in Windeseile auf den Tisch gebracht, wo wir uns vielleicht Herausforderungen noch nicht gestellt hatten, und hierbei schonungslos den Mehrwert von digitalen Anwendungen vor Augen geführt. Wir haben in kürzester Zeit die Digitalisierung mit dem Holzhammer erfahren müssen.

Wir haben uns nun doch irgendwie arrangiert und ganz selbstverständlich z.B. die Form der Kommunikation geändert. Wenn wir vor der Pandemie jüngere Generationen, also die sogenannten Digital Natives, beobachteten, war der Umgang mit dem Chat, dem Bewegtbild, deutlich selbstverständlicher als in der Generation der Digital Immigrants. Das hat sich nun geändert. Es ist auch für uns selbstverständlicher geworden, uns über die Kamera mit anderen zu verständigen. Wir haben nicht nur die Durchführung geändert, sondern auch die Art und Weise, eine Besprechung zu führen. Die Fokussierung ist in webbasierten Meetings oft höher als in physischen Gesprächsrunden. Aber mehr dazu in Kapitel 9, wenn wir neben der Kommunikation auch die Koordination und die Kollaboration im Rahmen der Digitalisierung beleuchten.

Nun aber zum eigentlichen Ansatz unseres Buches. Wir wollen dem Geheimnis der erfolgreich abgewickelten öffentlichen Bauprojekte in Deutschland auf die Schliche kommen. Aber was sind da eigentlich die großen Herausforderungen? Entgegen der Vergabestrategie unserer Schweizer Nachbarn, bei denen oft der zweitgünstigste Bieter den Zuschlag erhält, geht der Zuschlag in Deutschland an den günstigsten Bieter. Und damit geht es dann schon oft los. Teilweise mit Arglist werden bewusst Angebote abgelegt, die ein Nachtragsmanagement schon während der Angebotsphase aufgebaut haben. Wie soll denn da ein Auftraggeber den Überblick behalten und die Vergleichbarkeit von oft komplexen Angebotsstrukturen herbeiführen? Schön und gut, könnte man entgegnen, es läuft aber doch auch so ganz gut. Wir stellen ja fleißig Neubauten fertig, im Jahr 2019 mit einem Umsatzvolumen von 263,8 Mrd. €. Bei Investoren sind deutsche Immobilien so beliebt wie nie, die Kaufpreise steigen stetig und auch die Leerstände halten sich in Grenzen. Brauchen wir da mehr Effizienz oder gar Fortschritt? Auf den ersten Blick mag das zutreffen. Angesichts von Kapitalmarktzinsen in einer Spanne um 1 Prozent liegt die Messlatte nicht besonders hoch für eine Performance, die konservative Anleger bereits zufriedenstellt. Die Wirtschaft hat schon jetzt eine Delle bekommen, die Auswirkungen von COVID-19 sind noch nicht einschätzbar. Da ist fast zwangsläufig ein effizientes Planen, Bauen und Betreiben von Immobilien als Anforderung gesetzt. Und schon heute liegt darin ein wichtiger Wettbewerbsfaktor.

Sich anstehenden Veränderungen nicht zu öffnen und am Althergebrachten festzuhalten, kann sogar Innovationsträgern und großen Unternehmen, ja sogar Monopolisten zum Verhängnis werden. Wer hätte einst gedacht, dass Nokia einmal von der Bildfläche verschwinden würde? Dabei war Nokia damals der Inbegriff von digitalisierter Kommunikation! Doch wer sich den schnellen Veränderungen und neuen Technologien nicht stellt, wird überrollt. Die Devise lautet: „Move fast and break things." Dabei ist gerade in der Telekommunikationsbranche durch den jahrzehntelangen Vorsprung in der Digitalisierung bereits ein Leben nach der Digitalisierung zu beobachten. Wir Bauleute jedoch stehen noch vor diesem Kurswandel. Einem Kurswandel, vor dem aber niemand Angst haben muss und der eine echte Chance bietet. Nur müssen wir manchmal ein bisschen über den Tellerrand blicken und uns die Erkenntnisse anderer Schlüsselbranchen zunutze machen. Was können wir z. B. vom Silicon Valley abschauen? Elon Musk hat als Mitbegründer von PayPal, SpaceX und Tesla gezeigt, dass disruptives Verhalten zu ganz neuen Dimensionen führt. Und plötzlich war da ein elektrisches Serienauto, bei dem die deutsche Automobilindustrie nur staunend anerkennen musste, dass man es selbst über Kleinserien nicht hinausgeschafft hatte. Und dann will der Mann auch noch zum Mars fliegen und schickt prompt eine Rakete ins All. Wir müssen in unserer Branche aufpassen, dass eine disruptive Geschäftsidee nicht auch die Branche grundlegend verändert. Wir können davor nicht bewahrt werden, aber wir können ein Bewusstsein für digitale Transformation aufbauen und den Anschluss so nicht verlieren. Und da ist es egal, ob der Auftraggeber ein Privater oder Öffentlicher ist.

Die Pilotprojekte des Bundes haben den Grundstein für die Implementierung von BIM in Deutschland und die Sammlung von Erfahrungen gelegt. Große Projekte, welche erhebliche Auswirkungen auf den Staatshaushalt haben, können wir so besser in den Griff bekommen. Aber die Vielzahl der Bauprojekte in Deutschland ist deutlich kleiner – die Gefahr, dass Zeiten und Kosten explodieren, jedoch genauso groß. Rund 90 Prozent der Player in der Bau- und Immobilienbranche sind kleine und mittlere Unternehmen (KMU). Das macht uns stark, aber gleichzeitig verwundbar, da wir den Mittelstand mit der Digitalisierung nicht überfordern können. Die Privatwirtschaft schreitet mit großen Schritten voran und partizipiert auch von den Erfahrungen aus den Pilotprojekten des Bundes. Nun muss die kommunale Ebene mitziehen und sich mit dem NEUEN BAUEN den alternativen Methoden der Projektabwicklung öffnen. Dabei stehen insbesondere die Methode des Building Information Modeling, das Lean Management und Lean Construction im Fokus unseres Buches. Es geht um die sinnvolle Erhebung von Daten mit einheitlicher, transparenter Quelle. Es geht um datenbasierte Entscheidungsgrundlagen anhand von Simulationen. Es geht um digitale Informationsprozesse bis hin zum digitalen Bauantrag.

Nicht wollen, nicht können, nicht dürfen!

Was hält uns eigentlich davon ab, ein Projekt einmal anders anzugehen? Die erste Hürde ist das Wollen, es geht schließlich auch auf konventionelle Weise irgendwie. Wenn ich aber erkannt habe, dass es vielleicht Sinn macht, meine Projektabwicklung zu verändern, dann ist es das Nicht-Können, das mich zunächst hemmt. Und dann bleibt da noch die Hürde der Bewilligung, denn auch wenn ich will und kann, brauche ich vielleicht noch eine Entscheidung und Freigabe. Wir möchten in den folgenden Kapiteln einen Beitrag leisten zum Wollen und Können und vielleicht auch anregen zum Dürfen.

2 Bädersituation in Deutschland

Warum jedes fünfte Kind nicht mehr schwimmen kann!

Die Aufgabenstellung für unser Fokus-Projekt in diesem Buch lag in einer klassischen kommunalen Bauaufgabe und stellt damit ein repräsentatives Beispiel für öffentliche Bauprojekte dar, wie sie in den Kommunen der Republik sowie im D-A-CH-Raum tagtäglich besprochen, angestoßen und realisiert werden. Doch was hat es eigentlich mit dem Bedarf nach kommunalen Wasserflächen auf sich? Wie sieht es in Ihrer Gemeinde aus? Haben Sie noch die Möglichkeit zu schwimmen oder wird Ihnen ein auch Millionen-fressendes, veraltetes Infrastrukturbauwerk zugemutet? Mit dem Gestern, Heute und Morgen der Bäderlandschaft setzt sich Dr. (phil.) Dipl.-Ing. (Raumplanung) Christian Kuhn in seinem Gastbeitrag auseinander und stellt ganz selbstverständlich den Bedarf für unsere Bauwerkstypen dar:

Zur Ausgangslage

„Alle 4 Tage macht ein Bad dicht" – so interpretierte nicht nur allen voran die DLRG die Bäderstatistiken. Am 30.08.2020 räumte das Handelsblatt in seinem Artikel „Warum das Bädersterben in Deutschland ein Mythos ist" nicht nur mit dieser These auf, sondern zeigte, dass auch Bäder in der Wirtschaftswelt ein Thema sind. Am 10.02.2020 titelte die FAZ: „Frischer Putz für alte Hallen". Bundesminister Seehofer hatte am 07.12.2019 bei der Mitgliederversammlung des Deutschen Olympischen Sportbundes (DOSB) einen neuen „Goldenen Plan" zur dringenden Sanierung der maroden Sportstätten angekündigt. Dann kam Corona und alles wurde revidiert. Bäder wurden geschlossen, Pandemiepläne erarbeitet, Bäder wiedereröffnet – mit viel weniger Gästen als zuvor, um sie mit funktionierenden Konzepten im November 2020 per Verordnung für alle Bäderexperten vollkommen unverständlich wieder zu schließen. Von einem „Goldenen Plan" ist seither keine Rede mehr.

Aber auch COVID-19 hat die Bäder nicht sanierungsärmer gemacht. Haben auch viele Bäderbetreiber die Zeit genutzt, dringend notwendige Maßnahmen zu tätigen, so sind viele davon eher optischer oder eben dringend technischer Natur. Die wohl letzte wissenschaftliche Erhebung bezifferte den Sanierungsstau bei den Bädern auf rund 4,5 Mrd. €[1]. Oliver Wulf von der Bergischen Universität

1 Vgl. Archiv des Badewesens: „Sanierungsbedarf und Schließungspläne in der deutschen Bäderlandschaft"; 12/2016; S. 730

Wuppertal kommt zum Ergebnis, dass „die Versorgung mit Schwimmbädern in Deutschland in ausreichendem Maße gewährleistet ist, es wird investiert werden und ein Bädersterben gibt es nicht – das sind die guten Nachrichten. Gleichwohl ist festzustellen, dass der Zustand der deutschen Bäderlandschaft, insbesondere beim Blick in die Zukunft, nicht befriedigend ist. Dies gilt vor allem in kleinen Städten und im ländlichen Raum“[2].

Wie ist es also um den Zustand der Bäder bestellt? Brauchen wir in Zukunft noch Bäder und wenn ja, wie viele, welche und in welcher Verteilung?

Zur Problemsituation

Bevor hier die Probleme skizziert werden, sollen zunächst die Fragen aus der Ausgangslage beantwortet werden. Wie ist es um den Zustand der Bäder bestellt? Wie oben beschrieben, weisen die Bäder in Deutschland einen Sanierungsstau von ca. 4,5 Mrd. € auf. Die reine Sanierung würde jedoch nur den Status quo erhalten. Betrachtet man, dass die meisten unserer Bäder aus den Zeiten des ursprünglichen „Goldenen Plans“ entstammen, dann muss man das Alter und die Ausrichtung betrachten. Der „Goldene Plan“, 1959 von der Deutschen Olympischen Gesellschaft verkündet, war ein Programm aller staatlichen Ebenen zum planmäßigen Abbau des Sportstättenmangels. Die Begründung für den Goldenen Plan waren vor allem die unzureichenden Sportstätten nach dem Krieg, der Spiel- und Bewegungsmangel im Vorschul- und Schulkindalter, die ungenügende Berücksichtigung der körperlichen Erziehung in den allgemeinbildenden und Berufsschulen und die allgemeine Entwicklung des Bewegungsmangels in Beruf und Freizeit. Planungsgrundlage waren die Richtlinien für die Schaffung von Erholungs-, Spiel- und Sportanlagen in den Gemeinden. Danach ergab sich 1960 ein Gesamtbedarf von 127 Mio. m^2 für Kinderspielplätze, Sportplätze, Sporthallen, Hallen- und Freibäder. Die Forderung nach 3 m^2 pro Person war auf 2 m^2 Sportfläche pro Person reduziert worden[3].

Es scheint schon erschreckend, dass wir heute, über 60 Jahre später, wohl viele der Notwendigkeiten ebenfalls anführen können. Dennoch hat sich der Bedarf grundlegend gewandelt. Der Stellenwert der Freizeitgestaltung hat an Bedeutung gewonnen. Standen zum ersten Goldenen Plan vor allem die Sportertüchtigung und damit besonders die genormten Sportstätten im Fokus, so hat sich das Freizeitverhalten und damit der Bedarf an die Bäder geändert. Nach eigenen Erhebungen nennen etwa die Hälfte aller Gäste als Motiv des

2 Vgl. Archiv des Badewesens: „Sanierungsbedarf und Schließungspläne in der deutschen Bäderlandschaft“; 12/2016; S. 733

3 Vgl. https://de.wikipedia.org/wiki/Goldener_Plan

Besuchs in Familienbädern freizeitorientierte Nutzungen, die andere Hälfte Sportmotive. Die sportorientierten Nutzerinnen und Nutzer teilen sich etwa hälftig in (vereins-)gebundene sowie ungebundene (Individual-)NutzerInnen auf. Daraus entstehen zwei Rückschlüsse: Zunächst müsste bei der Belegungsplanung die teure Sportimmobilie „Bad" aus Bedarfsgründen zur Hälfte den FreizeitnutzerInnen (Öffentlichkeit) zur Verfügung stehen. Die andere Hälfte der Nutzungszeiten müsste wieder hälftig den Eintritt zahlenden öffentlichen Gästen sowie den VereinssportlerInnen zur Verfügung stehen. Die Realität sieht jedoch anders aus. Meist dominiert vormittags der Schulsport und nachmittags der Vereinssport; bleiben Nutzungszeiten übrig, werden diese der Öffentlichkeit zur Verfügung gestellt. Daher lauten die ersten beiden Forderungen für die künftige Bäderlandschaft:

1. **Die Bäder müssen zukunftssicher gemacht werden. Dazu bedarf es nicht nur umfangreicher Sanierungen, sondern auch Neuausrichtungen!**
2. **Die Nutzungszeiten müssen gemäß dem Bedarf verteilt werden. Dazu bedarf es Analysen in Potenzialen, Machbarkeiten und eben des lokalen Bedarfs!**

Wie viel „Bad" brauchen wir in Zukunft?

Das hat 2hm im Auftrag des Bundeswirtschaftsministeriums 2014 für den Sport untersucht. Man kann aus der nachfolgenden Grafik gut herleiten: Schwimmen ist bei den Sportarten, die bebaute Anlagen benötigen, auch auf das Jahr 2030 prognostiziert, deutlich die Sportart Nummer eins und wir werden auch in Zukunft in etwa so viele Wasserflächen brauchen wie heute, selbst wenn wir demografisch weniger Bürgerinnen und Bürger in Deutschland werden sollten.

Ziehen wir in Betracht, dass eine demografisch alternde Bevölkerung ein Bad zur Bewegung im Element Wasser bis ins hohe Alter nutzen kann, dass der Freizeitanspruch an Bäder deutlich gestiegen ist, dann kann man zur dritten Forderung an die künftige Bäderlandschaft kommen:

3. **Wir brauchen in der Zukunft nicht nur etwa so viele Bäder (Wasserfläche) wie heute, sie muss auch anderen Ansprüchen genügen.**

Neben diesen drei Forderungen, die eben auch Probleme des baulich-technischen Zustands und der Neuausrichtung darstellen, ergeben sich bei Bädern weitere Probleme der künftigen Bäderlandschaft. Diese sind wie auch in anderen Branchen der Fachkräftemangel, der Lehrermangel vor allem im Schulschwimmsport, der viele Unterrichtsstunden unmöglich durchführbar macht, und die angespannte Lage der kommunalen Kassen, die sich nach Corona sicher verschärft, um nur einige zu nennen.

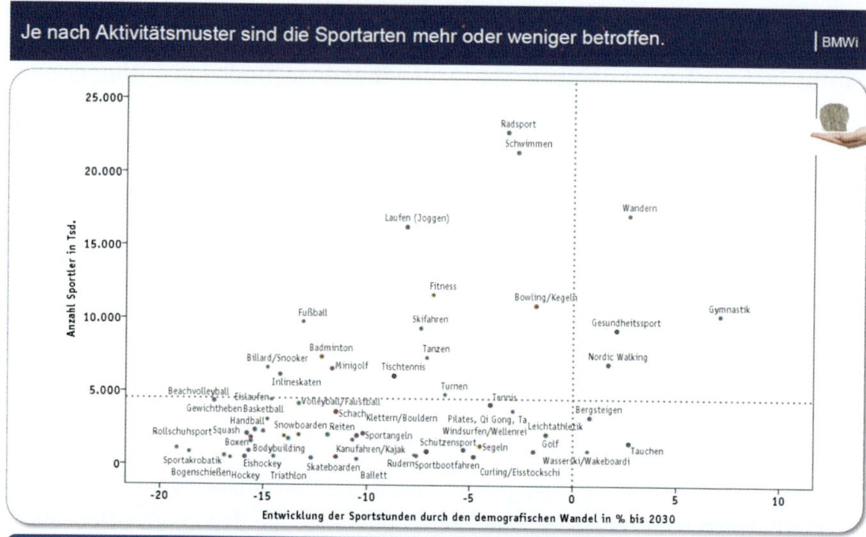

Quelle: 2hm & Associates GmbH

Bild 1: Sportstätten im demografischen Wandel

Die Aufgabe der zukunftsgerichteten Bäder

Bei den Aufgaben der zukünftigen Bäder sind vielfältige Anforderungen zu betrachten, die sich selbstredend auch aus den obigen Forderungen ableiten. Allen voran muss man sich aber der Pflichtaufgabe besinnen und die Basis der Bäder beleuchten. Schwimmen ist Grundbestandteil jedes Sportunterrichtes. Undenkbar wären Schulen ohne Sporthallen, aber auch ohne Chemie- oder Musikraum. Daher gehören Schwimmbäder für den kommunalen Schulträger zur Grundausstattung der Schullandschaft schlicht dazu. Schulschwimmen ist Landesaufgabe, die sie den Kommunen als Pflichtaufgabe übertragen – Schwimmbäder sind damit ebenso Pflichtaufgaben! Wenn das Bad in der Woche bis in den Nachmittag von den Schulen genutzt wird, dann kann es auch nachmittags und abends z. B. von den Vereinen und der Öffentlichkeit genutzt werden, das schafft Mehrwert. Sicher ist ein reines Schul- und Vereinsbad die kostengünstigste Form, da erhebliche Personalkosten aus der Aufsicht entstehen, die eben bei einem Schul-/Vereinsbad eingespart werden können. Bäder haben aber – wie oben aufgezeigt – vielfältigere Aufgaben. Sie sind uraltes

Kulturgut und dienen breiten Bevölkerungsschichten nicht nur als Sport- und Freizeitstätte, sie sind im von Seen, Flüssen und Bächen durchzogenen wasserreichen Deutschland vor allem auch Ort des Schwimmenlernens. Dabei geht es nicht um Schwimmstile oder gar Bestzeiten. In allererster Linie geht es um das Vermeiden des Ertrinkungstodes.

Erst nachrangig dieser Aufgaben, den Ertrinkungstod zu vermeiden und im Schulsport vorrangig die Freude an der Bewegung im Element Wasser zu vermitteln, steht der öffentliche Mehrwert und der Schwimmsport. Bäder sind aber auch Orte, wo Kommunen weiche Standortfaktoren zeigen. Oftmals werden vorbildlich weitere Funktionen wie Wohnmobilstellplätze, kommunale und touristische Einrichtungen oder andere Einrichtungen zur Nutzungsdiversität mit dem Bad verwoben. Das liegt daran, dass Bäder meist an mehr als 350 Tagen im Jahr geöffnet sind, von früh bis spät an sieben Tagen in der Woche. Nicht selten fragen Auswärtige in Bädern statt im Rathaus oder der Touristeninformation. Bäder sind also wichtiger Standortfaktor einer Kommune, auch wenn sie dort meist eine der kostenintensivsten Einrichtungen in Bau und Unterhalt sind. Daher gilt es gerade in Zeiten knapper kommunaler Kassen nach Corona, auch ökonomisch zu optimieren. Öffentlicher Mehrwert, Bedarfe, aber auch das (finanziell) Leistbare müssen wohl abgewogen werden. Bäderleitplanungen im gesamten Stadtgebiet oder interkommunal darüber hinaus sind erforderlich, um die (finanziellen wie Fachkräfte-)Ressourcen zu bündeln. Aus eigenen Erhebungen ist uns bekannt, dass etwa ¾ aller Lebenszykluskosten der Betriebsphase von Bädern entstammen, „nur" ¼ folgt aus der Investition in Form von Zinsen, Tilgung und Abschreibung. Demnach ist es umso wichtiger, die Bäder nicht nur am Bedarf auszulegen, sondern auch Planung und damit Ausrichtung mit der betrieblichen Optimierung zu verweben. Bäderplanung wird also interdisziplinärer.

Wenn Bäder interdisziplinär ausgerichtet werden sollen, dann verwundert es umso mehr, dass es in Deutschland keinen architektonischen Studiengang der reinen Fachdisziplin Sportstättenplanung gibt. Auch eine reine Studienausrichtung des Betriebes von Bädern sucht man vergeblich. Sport- und Freizeitstätten müssen sich hier mit Studiengängen behelfen, die die fachlichen Belange mitbetrachten. Sind Sportstätten und gerade Bäder ob ihres Umsatzes doch heute Managementimmobilien und keine Verwaltungseinrichtungen mehr, dann bedarf es auch wissenschaftlicher Grundlagen, sie neu auszurichten. Dabei wird das ökonomische Gewicht des Sports seit der Veröffentlichung der Ergebnisse zum „deutschen Satellitenkonto Sport"[4] Mitte 2013 deutlich. In

4 vgl. BMWi und 2hm, Wirtschaftsfaktor Sport in Deutschland, 8. 11. 2012

nüchternen Zahlen zeigt sich die wirtschaftliche Bedeutung des Sports für die Volkswirtschaft, dass nämlich den jährlichen Gesamtkosten (Bau, Instandhaltung und Betrieb inkl. Personal) für die Bäder in Höhe von 4,4 Mrd. € direkte Konsumeinnahmen aus dem Schwimmen von 4,9 Mrd. € entgegenstehen. Bäder sind also nicht nur Kulturgut mit öffentlichem Mehrwert, Sportstätte und Stätte dem Ertrinkungstod entgegenzuwirken, sie sind auch ökonomisches Gut, das es nicht zu unterschätzen gilt.

Mit dem Blick in die Zukunft haben Bäder aber auch Aufsichtspflichten zu lösen, wie die letzten Freibadsaisons zeigen. Damit einher gehen die Aufgaben, Menschen für die Jobs im Bad zu begeistern. Schicht- und Saisonarbeit, vor allem am Wochenende und in den Ferien, gepaart mit dem Verfall an Wertschätzung und Anerkennung in der Bevölkerung lassen es zunehmend schwerer werden, MitarbeiterInnen zu finden, die in Bädern tätig werden wollen. Erschwerend kommt hinzu, dass die technischen Anforderungen ebenso steigen wie die Anforderungen an Dienstleistungsqualität und Leistungen im Angebot. Übertragen können wir die Forderungen nach qualifiziertem Personal in die Schulen. Eine Vielzahl der Schulschwimmsportstunden fällt aus, weil kein Lehrpersonal vorhanden ist. Daher gilt es auch hier, neue Konzepte zu finden.

Wie werden also nicht nur die Bäder der Zukunft, sondern auch die Angebote in Sport, Freizeit, Kursen, Kindergeburtstagen oder anderen Events, in Sauna, Wellnessangeboten, Gastronomie aussehen? Welche Verteilung und Nutzerorientierung werden sie haben? Kurzum – wie sieht die Bäderlandschaft der Zukunft aus?

Die Bäder von morgen

Die Bäderwelt wird sich zweifelsohne verändern – das ist sicher. Unsicher ist jedoch, wohin. Wagen wir dennoch einmal einen Ausblick. In Zeiten knapper kommunaler Kassen hat man sich immer auf die Kernaufgaben besonnen. Das ist eben vor allem die Pflichtaufgabe des Schulsports. Es ist also davon auszugehen, dass wir dezentrale Bäder bekommen, die baulich wie betrieblich zweckmäßig sind. Im Raumprogramm werden sie aus funktionalen Sammelumkleiden, Sportbecken und Lehrschwimmbecken bestehen. Da betrieblich die Aufsicht einen hohen Kostenfaktor verursacht, werden die Bäder wohl als reine Schul- und Vereinsbäder mit Überlassungsverträgen aufsichtlich geregelt betrieben. Moderne Überwachungssysteme unterstützen. Es wird neue Formen des technischen Facility-Managements bei den Kommunen oder deren privaten Partnern geben müssen. Dieser Typus des Bades mit der Ausrichtung kostengünstiger Bau- und Betriebsweise wird in Systembauweise und hoher

Vorfertigung Vorteile haben. Um das Termin- und Kostenrisiko nicht aufseiten der Kommunen zu belassen, werden diese Typen der Bäder prädestiniert für Konzepte in der Generalübernehmerschaft sein. Eine klare Bedarfsanalyse im Schul- und Vereinssport wird die Auslastung steigern, hier werden digitale Überwachungen, Zugangskontrollen und Abrechnungen erfolgen. Ein Energie-, Störungs- und technisches Controlling wird standardisiert zentral von hoch qualifizierten Fachkräften überwacht, die mit einer Mannschaft für einen regionalen Bäderverbund schnell eingreifen können.

Wie oben aufgezeigt, entstammen ¾ der Nutzer außerhalb des Schulsports jedoch der Öffentlichkeit, die nach derzeitigen Richtlinien beaufsichtigt werden müssen und mehrheitlich freizeitaffine Besuchsmotive haben. Hier wird es zu zentralen Familienbädern kommen. Sie werden an Größe und damit Synergie gewinnen. Schon heute weisen die profitabelsten Bäder hohe Besucherzahlen auf. Daher wird es im ländlichen Bereich um interkommunale Verbünde gehen, (große) Städte werden sich ein zentrales Bad leisten. Diese Bäder werden einen Mehrwert für die Bevölkerung leisten und dem Bedarf gerecht. Sie werden mit Alleinstellungsmerkmalen sich abgrenzen und einen Tag Urlaub bieten. Auch der Schwimmsport ist hier in der multifunktionalen Anlage möglich. Eine Sauna wird – gerade, weil sie im privaten Wettbewerb stehen kann – nur dann eingebunden, wenn sie die sozialpolitisch gewollte Badnutzung quersubventioniert. Schon heute wissen wir, dass bei ausreichendem Potenzial in der Summe aus operativem Wirtschaftsergebnis zzgl. Kapitalkosten (aus der Investition) kaum Unterschiede zwischen Sport-, Familien- und Sauna-/Wellnessbädern bestehen. Daher wird es bei den zentralen (Familien-)Bädern auf eine fundierte Potenzialanalyse ankommen. Diese ist mit den Zielen der Stadt oder Region zu kombinieren, um das Leistbare und die Ausrichtung einzubinden. Etwaige touristische Ausrichtungen in gesundheitliche, freizeitaffine oder auch Übernachtungseinrichtungen nach dem Vorbild bestehender Einrichtungen (bspw. in Österreich) sind gerade dann denkbar, wenn es gelingt, den innerdeutschen Tourismus über die Corona-Krise hinweg zu etablieren. Hier können neue Chancen für die Bäderwelt entstehen.

Diese zentralen Bädertypen, dienstleistungsaffin auf die öffentliche Nutzung fokussiert, sind städtebaulich, architektonisch, aber auch betrieblich Aushängeschilder der Kommunen. Es werden vermehrt Individuallösungen sein, deutlich mehr auf den Standort und die Ausrichtung angepasst als heute. Dieses werden Managementimmobilien mit mehrfach siebenstelligen Umsätzen sein. Der Grad der technischen Hilfsmittel im technischen Betrieb, der Reinigung, des Controllings, aber auch der Überwachung zum Vermeiden des Ertrinkens wird deutlich steigen und z. T. das nicht zu bekommende Fachpersonal ersetzen. Es entstehen Synergien mit anderen Einrichtungen und damit lebendige Orte des Stadtgeschehens. Ganz anders als in den dezentralen Sportbädern wird hier auf hohe Dienstleistungsqualität gesetzt, die einen professionellen Betrieb mit seinen multiplen und komplexen Angebotsbestandteilen in Sport, Freizeit, Kursen, Events, Gastronomie, Sauna, Fitness, Beauty usw. zwingend erforderlich macht. Es wird in Lebenszyklen gedacht. Es wird eine Welle der Professionalisierung in allen Bereichen von der Analyse über die Planung bis in den Betrieb geben. Für politische Lobby wird in diesen Objekten wenig Platz sein. Wer nur 10 % ineffizient ist, verliert über kurze Zeit siebenstellige Eurobeträge – das wird sich ein zunehmend gläserner Politiker nicht leisten können.

Unsere Freibäder werden wohl die größte Revolution erleben. Ich sehe eine Diversifikation der Freibäder, denn diese sind und bleiben witterungsabhängig. Daher werden viele Freibäder bspw. über Cabriodächer synergetisch in Aufsicht, Wartung und Betrieb mit den zentralen Familienbädern zusammengelegt, um teure Wasserfläche zu sparen und auf die Witterung schnell reagieren zu können. Große Freibäder fangen die Spitze weiterhin auf, ergänzt um kleine Freibäder mit einer Spezialisierung, bspw. Waldfreibäder. Diese kleinen Freibäder werden ob des Kostendrucks jedoch bei mäßiger Witterung bereits geschlossen, das Personal wird konzentriert. Ganz offensichtlich ist, dass in der Corona-Krise die Menschen deutlich vermehrt Seen und Flüsse aufgesucht haben. Sicher waren alle Warnungen der Bädergesellschaften wichtig und so wird sich zeigen, ob und wie stark die Unfallzahlen bei einer umsichtigen Nutzung der natürlichen Gewässer gestiegen sind. Ganze Generationen haben in diesen Gewässern schwimmen gelernt. Ich sehe eine Renaissance der natürlichen Gewässer. Wir brauchen nicht nur für unsere Bäder technische Unterstützungen in der Überwachung und damit einhergehend Änderungen in den Regelwerken, wir werden sie auch in den Freibädern und natürlichen Gewässern brauchen. Nicht zuletzt gewinnt Wasser in urbanen Räumen gerade in den Hitzeperioden eine neue Bedeutung. Sprayparks, neuartige und damit nutzbare Brunnen oder ganz andere Formen werden unsere Innenstädte bereichern.

Eines ist also gewiss – die Bäderlandschaft steht vor großen Herausforderungen, aber auch vor großen Chancen – sie wird sich verändern. Wir haben es in der Hand, in welche Richtung!

Dr. (phil.) Dipl.-Ing. (Raumplanung)
Christian Kuhn

Nach dem Studium der Raumplanung mit dem Schwerpunkt Stadt- und Sportstättenentwicklungsplanung promovierte Herr Dr. Kuhn im Bereich der Wirtschaftlichkeitsprognosen und Potenzialanalysen von Bädern. Er war 16 Jahre zuletzt Geschäftsführer beim Generalplaner für Bäder, KRIEGER Architekten I Ingenieure, tätig. Als geschäftsführender Gesellschafter der DSBG Sportstättenbetriebsgesellschaft verantwortet er den Betrieb, das Pre-Opening und unzählige Machbarkeitsstudien und Wirtschaftlichkeitsprognosen von Bädern und Thermen aller Größenordnungen.

Herr Dr. Kuhn hat einen Lehrauftrag für Spa- und Bädermanagement des Landes Baden-Württemberg an der DHBW Ravensburg, ist stellv. Vorsitzender und Ressortleiter Bäder der IAKS Deutschland, Mitglied in den DIN-Ausschüssen Bedarfsplanung (18205) und Nutzungsfolgekosten (19860) sowie im Regelwerkgebenden Ausschuss Bäderbetrieb der Dt. Gesellschaft für das Badewesen.

Seit 1.1.2021 ist Dr. Christian Kuhn der Sprecher der Bäderallianz Deutschlands, dem Zusammenschluss aller wesentlichen Interessengruppen für Bäder.

3 Herausforderung öffentliches Bauprojekt
Was kann der öffentliche Auftraggeber tun?

Der öffentliche Auftraggeber hat eine Vorbildfunktion, auch aufgrund seines erheblichen Marktanteils an der Bauwirtschaft. Und gerade daher muss nicht nur auf Bundes- und Landesebene die herkömmliche Projektabwicklung auf den Prüfstand gestellt werden, sondern auch bei der Kommune. Es gilt, sorgsam mit Investitionsentscheidungen umzugehen und bei Entscheidungen im Projekt strategisch zu handeln und nicht nur taktisch. Zu oft sind eine Investitionsentscheidung, ein Kostenrahmen oder ein Eröffnungstermin an Legislaturperioden gebunden. Und da kann BIM sogar vermeintlich wehtun, wenn frühzeitig aufgedeckt wird, dass bei dem geplanten Budget das Bauwerk nicht erstellt werden kann. Aber bitte, liebe Politiker, die Verwaltungen sind nur die ausführenden Organe. Es ist Eure Entscheidung und Verantwortung, mit dem Geld, der Umwelt und der Gesellschaft in Bezug auf unsere Bauaufgaben in der Infrastruktur umzugehen! Öffentliche Vergabe krankt oftmals auch daran, dass sich die in den Ausschreibungen zusammengewürfelten Projektanten gar nicht kennen und dass das günstigste Angebot natürlich nicht das nachhaltigste sein kann. Oft ist es aber auch nur die (mangelnde) Bereitschaft, etwas zu ändern. Da helfen auch kein Stufenplan und die Einforderung der Anwendung von BIM. Man muss es verstehen, wollen und anwenden. Der traditionelle Vorgang des Bauens an sich verhindert schon nachhaltige Entwicklungen. Wind, Wetter und dem Verkehr ausgesetzt versuchen wir mit Gewerken, welche für jede Bauaufgabe neu zusammengestellt werden, mit einer baubegleitenden Planung dokumentbasiert ein Bauwerk in 50 Stehordnern dokumentiert seinem Betrieb (und Schicksal) zu übergeben. Deshalb ist die Bauindustrie eine der unproduktivsten Industrien in Deutschland! Was muss ich tun, um mit BIM und Lean da etwas zu ändern? Wie schaffe ich es, mit welchen Fallstricken muss ich rechnen und was darf ich bestenfalls für mein Projekt erwarten? Lassen Sie uns zunächst einen Blick auf unsere Nachbarn in der Schweiz werfen. Welche Erfahrungen hat dort der öffentliche Auftraggeber bereits sammeln können und wie hat man sich der immensen Aufgabe gestellt, die Methodik beim größten Bauherrn des Landes, der Schweizerischen Bundesbahnen AG SBB, einzuführen? Dazu berichtet Adrian Wildenauer, Disziplinenleiter Normen und Vorgaben BIM@SBB, über die Befähigung der Mitarbeiter, Change-Management und Umgang mit Planern und Nachunternehmern. Anschließend erfahren wir im Interview mit Frank Schlutow von den Stadtwerken Werdohl etwas zur Motivation und Bereitschaft, BIM im kommunalen Bauprojekt Hallenbad Werdohl einzusetzen.

Abstract

BIM ist in der Schweizer Bauindustrie angekommen. Entgegen erster offensichtlicher Vermutungen sind die Treiber allerdings oftmals nicht diejenigen, die durch die unmittelbare Erstellung und Verwendung von digitalen Methoden ihre eigenen Prozesse optimieren können, wie Planer oder Unternehmer, sondern meist private oder öffentliche Bauherren. Dies bedeutet aber auch eine Rollenveränderung – und zwar bei allen Beteiligten. Bauherren sind nun damit konfrontiert, nicht mehr klassisch analoge Bestellgrundlagen zu erstellen, sondern digital gestützte Planungs- und Realisierungsmethoden wie BIM und prozessorientierte Abwicklungsmethoden wie Lean einzufordern und noch wichtiger, diese Ergebnisse zu prüfen und sinnstiftend weiterzuverwenden. Diese Kompetenz muss oftmals noch aufgebaut werden. Jedoch ist es wichtig zu verstehen, dass es nicht die eine allumfassende Lösung à la „one size fits all" gibt, sondern individuelle Ausprägungen beachtet werden müssen. Klar ist jedoch, dass es einer gesamtheitlichen Sichtweise und eines gemeinsamen Verständnisses für die Baubranche bedarf. BIM und Lean alleine helfen nicht. Es benötigt mehr – ein gemeinsames Vorgehen. Die Schweizerischen Bundesbahnen AG (SBB) hat hierfür eine Konzern- und Brancheninitiative gestartet, um das Thema zu verankern.

Effizienz oder Effektivität?

Die Bauwirtschaft ist einer der wichtigsten Wirtschaftszweige und trägt bis zu 15 % im Jahr zum Bruttosozialprodukt der Schweiz und vielen angrenzenden Ländern bei. Die Industrie beschäftigt direkt und indirekt hunderttausende Personen [1,2]. Betrachtet man den Immobilienbestand, den es zu bewirtschaften gilt, geht dieser in die Billionen CHF [3]. Dennoch ist es kein Geheimnis, dass die Bauindustrie, wie auch in nahezu allen anderen europäischen Ländern, an einer geringen Effizienz und Effektivität leidet. Untersuchungen, dass die Bauindustrie in digitalen Bestrebungen – bis auf wenige firmenbezogenen Ausnahmen – meist auf den hinteren Plätzen zu finden ist, sind hinreichend bekannt [4]. Für eine Industrie, die tagtäglich bleibende Werte wie nahezu keine andere Industrie entstehen lässt, kann das kein zufriedenstellender Zustand und kaum mit einer tief verankerten Berufsehre vereinbar sein. Die meisten Themen wurden schon vor ungefähr 30 Jahren identifiziert [5–7] und sind meist gar nicht baurelevant, sondern behandeln übergreifende Themen wie Kommunikation, Kollaboration und Koordination. Es ist jedoch wenig hilfreich, bei großen Konferenzen oder individuellen Beratungsmandaten diesen Fakt mantraartig zu wiederholen und damit eine Resistenz gegenüber diesen reversiblen Tatsachen aufzubauen. So wird nur eine Ablehnung gegenüber neuen Methoden, Ansätzen und Hilfsmitteln geschaffen, die die Branche so dringend benötigt.

Nachvollziehbar und ein zutiefst menschlicher Zustand ist es, nach schnellen Lösungen zu suchen, wenn ein Problem identifiziert wurde – ein Umstand, der in der Psychologie mit «Überlebensirrtum» tituliert wird [8]. Daher hilft es nicht, dass punktuelle Lösungen wie Start-ups und phasengetriebene Ansätze verfolgt werden. Das eine bewirkt in vielen Fällen eine Erhöhung der projektspezifischen Informations- und Datenschnittstellen, das andere eine „Silo-isierung" von bestehenden Zuständen. Der Umstand von COVID-19 hat hier nicht unbedingt zum Besseren beigetragen. [9]

Zeit, etwas zu ändern, nach vorne zu blicken und Prozesse und Methoden anders zu denken. Wohin möchte die Bauindustrie? Möchte sie eher effizient, also wirtschaftlich, oder effektiv, also nutzbringend, werden? Die Antwort mag einfach tönen, es benötigt beides. Wir müssen effizient in der Effektivität werden.

SBB als ein Treiber von BIM in der Schweiz

2017 wurde das Programm BIM@SBB gestartet, ein Jahr später erhielt die SBB den Auftrag des Schweizerischen Bundesrates, in dessen „Digitaler Strategie" das Thema in der Schweiz voranzutreiben [10]. Man versprach sich durch Erfahrungen aus anderen Ländern eine Kostenoptimierung und Beschleunigung von Projekten von mittelfristig 5 bis 10%. Diese Strategie des Bundesrates wurde von der SBB aufgenommen, interpretiert und wird von mehreren Säulen getragen, unter anderem:

- Befähigung der Mitarbeitenden
- Anforderungen des Business verstehen, um BIM anzuwenden
- Entwicklung und Anwendung offener, diskriminierungsfreier Standards und Mitnahme der Branche
- Optimierung bestehender Prozesse
- Erprobung von Methoden in realen Projekten

Keiner dieser Punkte kann für sich allein wirken. Sie müssen gesamtheitlich angewandt werden.

Befähigung der Mitarbeitenden

Jede Methode, jedes Hilfsmittel, sei es oder sie noch so gut, funktioniert nicht, wenn der Mitarbeitende nicht weiß, wie er diese einsetzen kann. Für die Motivation wichtig ist, dass Mitarbeitende nicht nur verstehen, wie man Anwendungshilfen richtig einsetzt, sondern auch welchen Mehrwert diese bieten. Die Initialkosten, sich auf etwas Neues einzulassen, wirken auf den ersten Blick doch hoch – zumal das Altbekannte sich seit Jahrzehnten scheinbar gut bewährt hat und das Neue noch nebulös und ungreifbar scheint.

Für die Beantwortung der ersten Frage, des WIE, hat die SBB AG ein Angebot an modularen Schulungen aufgebaut, die laufend weiterentwickelt und erweitert werden. Dazu wurde eine Ist-Soll-Analyse der Kompetenzen anhand von digitalisierbaren Geschäftsprozessen erstellt. Oftmals wird auch der Fakt vergessen, dass nicht nur Kompetenzen nicht mehr benötigt werden (wie Tuschezeichnen), sondern zusätzliche aufgebaut werden müssen (wie BIM-Modellierung). Es geht nicht darum, Mitarbeitende redundant werden zu lassen, sondern sie gezielter, kompetenzgerecht und nachhaltig einzusetzen. Es entstehen weiterhin völlig neue Berufsbilder, die vor einiger Zeit nicht denkbar waren [11]. Mittel- bis langfristig werden diese jedoch vermutlich wieder in das klassische Projektmanagement zurückkehren.

In den Schulungen finden der Wissensaufbau und erste vertiefte Kontakt mit dem Thema statt. In den Pilotprojekten gibt es zusätzliche Bildungsprodukte, in denen die Mitarbeitenden gezielt auf das Vorhaben geschult werden. Der reine Wissenstransfer reicht aber nicht aus, weshalb wir in der SBB in unserem Change-Konzept einen ganzheitlichen Ansatz verfolgen. So werden auch Gefäße (z. B. BIM Café) angeboten, bei denen die Erfolge des Erlernten und Erprobten, aber auch die Sorgen und Probleme mit Kolleg*innen ausgetauscht werden können.

Der größte Hebel liegt in der praktischen Anwendung des theoretisch Erlernten im Job. Dazu wurden Pilotprojekte und die Möglichkeit von „Stages" in solchen Projekten geschaffen.

Zur zweiten Frage, dem WARUM. Diese ist weitaus schwieriger zu beantworten, aber von zentraler Bedeutung: Wie kann man den Mehrwert von BIM aufzeigen und (noch abgeneigte) Mitarbeitende für die Veränderung gewinnen? Durch interne Befragungen können Stimmungen und Vorbehalte direkt abgeholt und notwendige Maßnahmen getroffen werden. So scheint es von besonderer Wichtigkeit, dass sich BIM vom abstrakten Konstrukt löst und in eine greifbare und für die jeweilige Zielgruppe verständliche und konkrete Sprache übersetzt wird: Dazu wurden die eruierten Skills zunächst Kompetenzen und in einem zweiten Schritt den jeweiligen Rollen zugeordnet. Je Zielgruppe wurden die dazu benötigten Kompetenzen in verständlicher Sprache an konkreten und einfachen Beispielen festgemacht und auch bildlich dargestellt. Mit einer Customer Journey sind zusätzlich alle möglichen Hilfestellungen auf dem Weg zu BIM auf einer Landkarte festgehalten. Die Kommunikation dieser Hilfestellungen und Erklärungen ist Teil des Konzepts und findet über Newsletter, auf einer internen Communication-Site-Plattform sowie über die Nutzung der Austauschgefäße, wie dem BIM Community Day, statt. Dieses regelmäßige Event steht all denen in der Branche offen, die am Wandel teilhaben wollen.

Anforderungen des Business verstehen, um BIM anzuwenden

Eins sollte selbstverständlich sein: BIM muss das Business unterstützen, nicht andersherum. Diese Anforderungen können vielfältig sein und je nach Unternehmung unterschiedlich. Die SBB ist z. B. ein Beförderungsunternehmen für Personen und Güter, daher ist das Businessziel eindeutig. BIM soll hier unterstützen und Möglichkeiten bieten, schneller, besser und günstiger Daten zu generieren, verarbeiten, verwenden und daraus Schlüsse zu ziehen, um Personen und Güter qualitätsgerecht transportieren zu können. Alle weiteren Themen wie Planen, Bauen und Betreiben können daraus abgeleitet werden. Das Team bei BIM@SBB hat in den letzten Monaten intensiv die vorhandenen Prozesse für Realisierung und Betrieb bzw. Unterhalt von Anlagen gesichtet, geprüft, die Abhängigkeiten voneinander aufgezeigt und am wichtigsten, die jeweiligen Informationsbedürfnisse klar beschrieben. Daraus ableitend können die Veränderungsbedarfe aufgezeigt werden. Der Projektleitende erhält eine Auswahl der für ihn sinnvollen und notwendigen Anwendungsfälle (bei der SBB „Business Use Cases BUC“ genannt) und die notwendigen Anforderungen aus dem Business heraus. Aufbauend darauf wird dies auf die entsprechenden, auf offenen Standards basierenden Datenkataloge gemappt. In diesen stehen die notwendigen Attribute pro Leistungsphase bereit, die eingefordert und erstellt werden müssen. Die Erfahrung hat gezeigt, dass die alleinige Angabe von Level of „X“, mit dem X stellvertretend für Buchstaben wie LOI, LOD, LOG etc., nicht sinnstiftend ist, da sie mehr Nachfragen generiert. Es müssen klare Datenanforderungen definiert werden. Auch die Angabe von Dimensionen (4-D, 5-D etc.) sind selten hilfreich, wenn sie denn normativ geregelt wären [12].

Entwicklung und Anwendung offener, diskriminierungsfreier Marktstandards und Mitnahme der Branche

Bei BIM@SBB hat die SBB schnell erkannt, dass es die aktive Involvierung aller Beteiligten entlang der Wertschöpfungskette erfordert. Jede dieser Rollen ist ein Zahnrad in unterschiedlichen Größen und Geschwindigkeiten in einem großen Getriebe. Ein Zahnrad in diesem komplexen Zusammenhang mag augenscheinlich wenig bewirken – es kann jedoch einen gesamten Ablauf ins Stocken bringen oder stoppen. Ein solcher Stopp sind die allseits bekannten Probleme mit Datenformaten und deren Kompatibilität untereinander. Es gleicht einem typischen Sender-Empfänger-Problem: Nur wenn ich die erhaltene Information richtig auf der Sachebene interpretieren kann, kann ich diese auch dem Verwendungszweck entsprechend ordnungsgemäß weiterverarbeiten [13]. Daher ist es so wichtig, dass Informationen aus Daten u. a. zweifelsfrei, korrekt und mehrfach von den Beteiligten interpretiert werden können [14]. Geschlossene Ökosysteme sind hier selten hilfreich – so werden diverse Dateninseln aufgebaut. Stellen wir uns vor, jeder Infrastrukturbetreiber hätte einen eigenen Datenstandard, den er von seinen Planern einfordern würde. Ein Datenchaos wäre die Folge, wenn es um den Austausch von Daten zwischen den Betreibern gehen würde. Geschweige denn um den erheblichen Zusatzaufwand aufseiten der Planenden, die sich bei jedem neuen Projekt einem neuen Datenstandard anpassen müssten – bedauerlicherweise auf Kosten des Projektes.

Ehrlich gesagt haben wir diesen Zustand heute schon. Wie beim Turmbau zu Babel haben wir ein Sprachchaos (aus Datensicht), wenn es über die klassische Bestellung hinausgeht. Haben Sie schon einmal versucht, zwischen fünf unterschiedlichen Softwareprodukten ein einheitliches Modell zu generieren?

Auch hier ein Sinnbild, stellen wir uns vor, jeder Autohersteller hätte einen eigenen Reifenstandard, der mit anderen Marken nicht kompatibel ist. Wie wäre Ihre Reaktion? Richtig, das kann nicht sein – es kann daher nur mit offenen, von allen Marktteilnehmenden akzeptierten und nachvollziehbaren Standards funktionieren. Diese müssen jedoch flexibel, einfach anzuwenden und nutzerfreundlich sein, sonst verfallen wir wieder in Insellösungen. Derzeitige Bestrebungen, alles in ein einziges Datenmodell zu packen und die sehr komplexe Bauindustrie in einem Guss abzubilden, sind kaum der richtige Weg. Dies aus mehreren Gründen, u. a. werden damit bereits bestehende Komplexitäten manifestiert und keine Möglichkeit gegeben, etablierte Prozesse und Abläufe zu hinterfragen. Das muss aber ein Ziel sein, wenn wir gemeinsam vorankommen wollen. Weiter müssen wir sehen, dass die existierenden offenen Standards für viele Tätigkeiten in der Bearbeitung von Projekten in den meisten Fällen genügen, wenn sie denn konsequent angewendet würden. Diesen offenen, übergreifenden und vor allem nachhaltigen Ansatz fördert die SBB in ihrer Mitarbeit in Standardisierungsgremien, um einheitliche, langfristige und zukunftsorientierte Branchenlösungen zu erschaffen, die allen dienen. Diese werden von der SBB als Bauherren auch später bestellt werden. Das bedeutet einen kontinuierlichen Verbesserungsprozess, in dem alles auf Sinnhaftigkeit und Zukunftsfähigkeit in die Waagschale geworfen werden muss. So wird ein großer Beitrag für die Branche geleistet – es kann nur gemeinsam gelingen. Dazu wurde auch ein Glossar aus allen in der Schweiz gültigen Normen aufgebaut, das für alle Beteiligte in der SBB übernommen wurde und stetig mit den Marktbeteiligten wie Verbänden und Vereinen, Planern und Unternehmern weiterentwickelt wird. Nun muss nicht mehr in Einzelverträgen über vereinzelte Begriffe verhandelt werden und wir können uns auf Projekte fokussieren [15].

Optimierung der Prozesse und Erprobung in Projekten

Wir müssen Bauen neu denken. Die Prozesse, die wir heute in der Bauindustrie verwenden und einsetzen, sind zum Teil Jahrhunderte alt. Die Erstellung eines Planes ist eine Prozesskette, die seit dem 15. Jahrhundert weitergegeben und – seien wir ehrlich – in seiner Kompliziertheit perfektioniert wurde. Das Erstellen einer Anlage oder eines Gebäudes ist nach wie vor ein komplexes und kompliziertes Konstrukt. Es sind bleibende Werte, die geschaffen werden. Jedoch muss es das Ziel sein, dass wir lernen, in Produkten zu denken, wie es andere Industrien seit Jahrzehnten machen. Die einen mögen es Lean nennen, andere Marktteilnehmende je nach Ausprägung und Fokus anders. Es muss jedoch darum gehen, die manifestierten Prozesse aufzubrechen und uns einfach die Frage zu stellen, ob es diese noch benötigt. Diesen Schritt gehen wir in Pilotprojekten, in denen wir konkrete Methoden, Hilfsmittel und Tools testen, wie sehr diese Prozesse beeinflussen und wie diese das Projekt beeinflussen. Aus diesen Rückmeldungen, positiv oder negativ, werden interaktive Cockpits generiert, an denen auch die Zufriedenheit der Mitarbeitenden Einfluss nimmt. Kein Prozess ist gut, wenn er unbeliebt ist und daher nicht angewendet wird. Hier genügt es nicht, dass Hilfsmittel wie eine HoloLens oder Ähnliches angewendet werden, wenn das angestrebte Ziel nicht klar ist. Natürlich ist es schön, wenn man in einer Pseudorealität Dinge visualisieren kann; wenn ich jedoch keinen Mehrwert für nachfolgende Prozessketten generieren kann, bleibt es ein „Gadget".

Weiter werden den Projektleitenden konkrete Hilfsmittel an die Hand gegeben, dies können die entsprechenden Projektinformationsanforderungen sein oder Checklisten, anhand derer die anstehenden Aufgaben geplant werden können.

Quo vadis, Helvetia?

Alle Marktbeteiligten müssen verstehen, dass die Bauindustrie nur gemeinsam aus dem analogen Tal der Tränen kommen kann. Niemandem ist mit individuellen Lösungen wie einem akademischen Standard, nicht-praxisrelevanten Hilfsmitteln oder umständlichen Prozessketten geholfen, die nicht angewendet werden. Verstehen wir die sich bietenden Chancen der Digitalisierung als Möglichkeit, etwas Neues, Besseres, Wertschöpfendes zu erschaffen und gemeinsam voranzugehen. Wie diese Methoden heißen, wird die Geschichte zeigen. Wir müssen unvorbelastet mit frischem Kopf das Bauen neu denken. Dazu benötigt es das Miteinander. Erinnern wir uns an die berühmte Rede des damaligen deutschen Bundespräsidenten Roman Herzog 1997 [16]:

„Wir können wieder eine Spitzenposition einnehmen, in Wissenschaft und Technik, bei der Erschließung neuer Märkte. Wir können eine Welle neuen Wachstums auslösen, das neue Arbeitsplätze schafft. [...] Warum sollte bei uns nicht möglich sein, was in Amerika und anderswo längst gelungen ist?

Wir müssen jetzt an die Arbeit gehen. Ich rufe auf zu mehr Selbstverantwortung. Ich setze auf erneuerten Mut. Und ich vertraue auf unsere Gestaltungskraft. Glauben wir wieder an uns selber. Die besten Jahre liegen noch vor uns."

In dem Sinne: An die Arbeit und die aktive Nutzung der damit verbundenen Chancen!

Adrian Wildenauer

Adrian Wildenauer ist Bauingenieur (Deutschland und Finnland) und hat sich in England und Irland zum Construction Manager weitergebildet. Dort kam er 2002 das erste Mal mit digitalen Methoden in Berührung, die ihn seitdem nicht mehr losließen. Er beschäftigt sich seitdem mit BIM, Lean, SCRUM und der digitalen Transformation der Bauindustrie. Er ist Lehrbeauftragter an diversen Hochschulen im In- und Ausland, bei denen er interdisziplinär agile Methoden wie BIM und SCRUM unterrichtet. Derzeit erarbeitet er seinen PhD über Datenbedürfnisse des Facility-Managements, um Smart Applications zu ermöglichen. Bei den Schweizerischen Bundesbahnen mit Sitz in Bern ist er Disziplinenleiter Normen und Vorgaben für das Programm BIM@SBB, das zum Ziel hat, ab 2021 alle Bauprojekte über 5 Mio CHF im Hochbau und ab 2025 in der Infrastruktur mit BIM auszuschreiben. Dazu werden auf nationaler und internationaler Ebene Normen und Standards erarbeitet.

References

[1] Bundesamt für Statistik BFS, Bau- und Wohnungswesen: Panorama, 2020. https://www.bfs.admin.ch/bfsstatic/dam/assets/7846590/master (accessed 26 June 2020).

[2] Lichtblau, Analyse der volkswirtschaftlichen Bedeutung der Wertschöpfungskette Bau: Forschungsvorhaben 10.08.17.7-07.23, Endbericht, 2008. https://www.irbnet.de/daten/baufo/20088034355/Endbericht.pdf (accessed 26 September 2020).

[3] Gerum, Schalcher, Boesch, S. Bertschy, Matter, Jakob, Was kostet das Bauwerk Schweiz in Zukunft und wer bezahlt dafür? [Fokusstudie NFP 54], vdf Hochschulverlag AG an der ETH Zürich, Zürich, 2011.

[4] Agarwal, Chandrasekaran, Sridhar, Imagining construction's digital future, 2016. https://www.mckinsey.com/~/media/McKinsey/Industries/Capital%20Projects%20and%20Infrastructure/Our%20Insights/Imagining%20constructions%20digital%20future/Imagining-constructions-digital-future.ashx (accessed 7 December 2019).

[5] Wolstenholme, Never waste a good crisis: A review of progress since Rethinking Construction and Thoughs of our future (2009).

[6] Egan, Rethinking Construction: Report of the Construction Task Force (1998).

[7] Latham, Constructing the Team: Final report of the Government/Industry Review of Procurement and contractual arrangements in the UK construction industry, HMSO (1994).

[8] Wirtz (Ed.), Dorsch – Lexikon der Psychologie, 19th ed.

[9] Ribeirinho, Mischke, Strube, Sjödin, Blanco, Palter, Biörck, Rockhill, Andersson, The next normal in construction: How disruption is reshaping the world's largest ecosystem, 2020. https://www.mckinsey.com/industries/capital-projects-and-infrastructure/our-insights/the-next-normal-in-construction-how-disruption-is-reshaping-the-worlds-largest-ecosystem (accessed 6 June 2020).

[10] Milan, Aktionsplan Digitale Schweiz: Stand 05. September 2018, 2018. https://www.digitalerdialog.ch/de/aktionsplan (accessed 22 September 2020).

[11] Kappes, Brandmann, Neue Berufe dank BIM: Im Zeitalter des Bauen 4.0 entstehen neue Berufsbilder, 2017. https://www.this-magazin.de/artikel/tis_Neue_Berufe_dank_BIM_2820025.html (accessed 27 September 2020).

[12] Wildenauer, Critical Assessment of the existing Definitions of BIM Dimensions on the Example of Switzerland, International Journal of Civil Engineering and Technology 11 (2020) 134–151.

[13] Schulz von Thun, Ruppel, Stratmann, Miteinander reden: Kommunikationspsychologie für Führungskräfte, first. Auflage, Rowohlt E-Book, Reinbek, 2018.

[14] DGIQ, Die 15 Dimensionen der Datenqualität, 2007. https://www.az-direct.ch/fileadmin/files/pdf/Blog/15_Dimensionen_der_Datenqualitaet_DGIQ.pdf (accessed 21 September 2020).

[15] Wildenauer, Apothéloz, et al., Glossar des Programmes BIM@SBB: Stand 01.04.2020, 2020. www.sbb.ch/bim-glossar (accessed 13 April 2020).

[16] Herzog, Aufbruch ins 21. Jahrhundert: Berliner Rede 1997 von Bundespräsident Roman Herzog, 1997.

Der mehrdimensionale Ansatz der Implementierung unserer Schweizer Nachbarn bei der SBB AG hat anschaulich gezeigt, dass zunächst organisatorische Aufgaben in der Transformation angegangen werden müssen, um dann projektspezifisch in den Genuss von Mehrwert kommen zu können, und dass dabei stets der Mensch als entscheidender Faktor in Bezug auf das Wollen, Dürfen und Können berücksichtigt werden sollte. In unserem Projekt Hallenbad Werdohl war der Weg etwas ungewöhnlich, da dem Bauherrn die BIM-Methode durch den Totalübernehmer herangetragen wurde und die ersten Erfahrungen tatsächlich am Projekt erfolgten.

Im folgenden Interview beantwortet Frank Schlutow, Geschäftsführer der Bäderbetriebe Werdohl, Fragen rund um den BIM-Einsatz in seinem Projekt und warum es denn wirklich von der öffentlichen Auftraggeberseite Sinn gemacht hat, BIM und Lean im Projekt zu unterstützen:

Eine erste Frage vorab: Was ist Ihr Eindruck des Projekts?

Beachtlich war für mich die frühzeitig hohe Transparenz für den Bauherrn, die extrem schlanke Projektstruktur (Termine, Pläne, Entscheidungen), dass bereits alle ausführenden Gewerke (schon im Planungsprozess) aufeinander abgestimmt waren und dieser unglaublich reibungslose zeitliche Ablauf!

Das Hallenbad Werdohl war Ihr erstes BIM-Projekt. Haben Sie den Einsatz der doch recht neuen Methode explizit eingefordert?

Vor Projektbeginn hatte ich noch gar keine genaueren Kenntnisse von BIM und insbesondere war mir der mögliche Mehrwert nicht bewusst. Aus diesem Grund kam von uns natürlich auch keine explizite Einforderung. Doch der Generalunternehmer Pellikaan hat in seinem indikativen Angebot direkt den Einsatz von BIM vorgeschlagen, weswegen wir uns dann doch tiefer, gemeinsam mit unserem Projektsteuerer, mit der Materie befasst haben. Nach der Beauftragung erfolgte auch recht schnell die gemeinsame Erarbeitung konkreter BIM-Ziele zu unserem Projekt, dem Hallenbad Werdohl.

Auf welchen Mehrwert hatten Sie es denn konkret abgesehen und – vielleicht noch spannender – was haben Sie letztendlich wirklich erreicht?

Für uns waren natürlich die Visualisierungen spannend – einfach schon vorab sehen zu können, was man am Ende erhält. Für viele ist das Lesen von Plänen nicht barrierefrei möglich, eventuell entscheidende Punkte in der Planung bleiben unverstanden. Und dadurch, dass schon frühzeitig verschiedene Planungsmöglichkeiten in einem Variantenvergleich aufgezeigt wurden, konnten wir uns schnell auf die sinnvollste Lösung konzentrieren. Das betrifft fraglos ökonomische und ökologische Aspekte, aber beispielsweise auch die frühe Vorlage von Farb- und Materialkonzepten für ein harmonisches und attraktives Bad und die Einbindung von Aufsichtsrat, Gremien, Verwaltung, Schulen und Vereinen.

Neben BIM war allerdings auch die Abwicklung mit Lean Management neu für uns. Doch da man uns schon in der Bewerbungsphase 4-D-Simulationen vorgelegt hatte, waren wir schnell von der Sinnhaftigkeit einer übergeordneten Managementmethode überzeugt. So können wir auf einen wirklich reibungslosen Projektablauf zurückblicken, und das mit einer extrem kurzen Bauzeit von weniger als zehn Monaten. Die Übergabe hat sogar fünf Monate vor der vertraglichen Schuldung stattgefunden. Das war auf jeden Fall eine positive Überraschung – und das sogar ohne Kostenüberschreitung!

Erhalten Sie als öffentlicher Auftraggeber eigentlich seitens der politischen Instanzen Förderungen für die Anwendung der innovativen Methoden?

Vielleicht waren wir als öffentlicher Auftraggeber hier schon sehr innovativ. Die ersten Maßnahmen zum Hallenbad-Projekt fanden bereits 2017 statt. Zu diesem Zeitpunkt war das für uns zuständige Land, Nordrhein-Westfalen, mit seinen Maßnahmen noch nicht ganz so weit wie heute. Heute werden ja schon viele Handreichungen erarbeitet hinsichtlich der Anforderungen und Leitfäden. Umso wichtiger war es für uns im Projekt, dass wir uns auch mal auf das Urteil externer Experten verlassen konnten. Das können – wie es bei uns der Fall war – BIM-erfahrene Generalunternehmen oder Generalplaner sein oder auch unterstützende Berater.

Nun haben Sie nicht nur ein attraktives Schwimmbad, sondern auch ein konsistentes Modell nach Abschluss der Bauausführung erhalten. Können Sie dieses denn auch im Betrieb nutzen?

Nein, derzeit sind wir noch nicht in der Lage, das Modell zu nutzen, auch wenn es das Modell an sich hergeben würde. Aber nichtsdestotrotz habe ich eine konsistentere Dokumentation erhalten, als das bei konventionellen Projektabwicklungen der Fall gewesen wäre.

Wenn wir zukünftig generell in der Lage sind, die erstellten Informationen auch mit unseren Betreiber-Softwares und Datenbanken zu verknüpfen, bietet die datenbasierte Arbeitsweise sogar einen noch höheren Mehrwert.

Inwiefern spielte der Einsatz eines Generalunternehmers eigentlich eine Rolle im Projekt?

Die durchgeführte Umsetzung läuft in einem GU-Verfahren im BIM-Kontext natürlich etwas einfacher als bei Einzelvergaben. Das eingesetzte Heizungs- und Sanitärunternehmen war z. B. – im Gegensatz zur Lüftungsfirma – noch nicht sehr BIM-erfahren und dementsprechend auch nicht wirklich in der Lage, aktiv einen Beitrag in Modellform, als Werk- und Montagemodell zu liefern. Die Defizite in der Modellierung konnten dann aber glücklicherweise durch den Generalunternehmer abgefangen werden, der entsprechend das Modell nachpflegte. Bei Einzelvergaben wäre das wahrscheinlich die Aufgabe des Architekten oder Generalplaners gewesen. Nichtsdestotrotz wurde Wert darauf gelegt, dass der GU mittelstandsfördernd und regional vergibt und unsere Wirtschaft am Standort stärkt.

Und würden Sie noch mal auf BIM und Lean zurückkommen?

Das ist die Zukunft des Bauens! Ich kann nur alle ermutigen, sich mit mehr Engagement in dieselbe Richtung zu bewegen. Falls dies gerade von Entscheidern, verantwortlichen Planern und Gremien, auch im öffentlichen Sektor, gelesen wird – vielleicht kann Sie mein Beitrag ja motivieren.

Frank Schlutow hat den Weg über die Beauftragung eines Totalübernehmers eingeschlagen und dabei trotzdem nur mittelständische Unternehmen an seinem Projekt in der Umsetzung beteiligt. Doch wie sieht es um die verschiedenen Vergabeformen aus?

4 Tod durch Totalübernehmer? *Wie diese Vergabe trotzdem mittelstandsfördernd sein kann!*

Stirbt der deutsche Mittelstand im Baugewerbe durch Totalunternehmer? Sind Gesamtlosvergaben statt kleinteiliger Fach- und Losvergaben wirklich mittelstandsfeindlich? Oder tragen wir vor allem im Vergaberecht mantrahaft ein der aktuellen Bauwirklichkeit gar nicht mehr zeitgemäßes Dogma vor uns her?

Wenn Kostensicherheit und Einhaltung des vereinbarten Fertigstellungstermins Ziele des öffentlichen Hochbaus sind, dann müssen Auftraggeber in der aktuellen Marktlage mehr denn je über alternative Beschaffungsformen nachdenken. Eine Beschaffungsvariante sind Totalunternehmer-/Totalübernehmervergaben, die die vorstehenden Ziele sicher – jedenfalls sicherer als Einzellosvergaben – erreichen. Der nachfolgende Beitrag soll die in dieser Beschaffungsvariante liegenden Chancen und rechtssicheren Gestaltungsmöglichkeiten aufzeigen, um den Mythos der „verbotenen" Gesamtlosvergabe zu entzaubern. Hunderte von erfolgreich durchgeführten Totalunternehmervergaben belegen, dass diese Beschaffungsvariante weder zu einer Benachteiligung des Mittelstandes und erst recht nicht zu städtebaulichen oder architektonischen Nachteilen für den Auftraggeber führt. Die Vergabe- und Bauwirklichkeit hat vielmehr in den letzten zehn Jahren bewiesen, dass das Gegenteil richtig ist.

Ausgangslage

Öffentliche Auftraggeber, aber auch private Bauherren, klagen stets über erhebliche Kostensteigerungen und Terminüberschreitungen in ihren Projekten. Je komplexer die Bauaufgabe ist, desto unsicherer scheinen die ursprünglichen Kostenansätze zu sein. Öffentliche Bauprojekte wiesen in der Vergangenheit bei klassischen gewerkeweisen Vergaben im Durchschnitt Kostenüberschreitungen zwischen Kostenschätzung und Schlussrechnungssumme im zweistelligen Prozentbereich auf.[1] Neben den ärgerlichen Kostensteigerungen treten regelmäßig auch erhebliche Verzögerungen in der Fertigstellung ein, die beim Nutzer und in der öffentlichen Wahrnehmung zu Frustration und Enttäuschung

---

1 https://de.statista.com/statistik/daten/studie/164936/umfrage/entwicklung-der-baupreise-in-deutschland/ oder https://www.welt.de/finanzen/immobilien/article179074596/Baupreise-Staerkster-Anstieg-seit-zehn-Jahren.html; Studie der Hertie School of Governance, Mai 2015, https://www.hertieschool.org/de/magazin/detail/content/studie-oeffentliche-grossprojekte-im-schnitt-73-prozent-teurer-als-geplant/.

führen. Mittlerweile reagiert die öffentliche Hand in einigen Bundesländern, wie auch der Bund mit seiner Initiative zur Abwendung von Kostensteigerungen im Bau, auf diese jahrzehntelange Bauwirklichkeit.[2] Es soll durch ganzheitliche Betrachtung der Bauaufgabe die frühzeitige Zusammenführung verschiedener Fachdisziplinen erfolgen, sodass von Anfang an zielgenaue Bedarfe ermittelt, geplant und gebaut werden können. Nachtragspotenziale und Bauzeitverschiebungen sollen minimiert werden. In der Folge rücken ganzheitliche Realisierungsvarianten, wie die Totalunternehmervergabe, zunehmend in das Blickfeld der Entscheider.

Totalunternehmer sind in der Regel Bauunternehmen, die von der ersten Planungsidee über alle Planungsphasen bis zur schlüsselfertigen Errichtung mit eigenem Bauleistungsanteil Projekte realisieren. Totalübernehmer entsprechen eher einem Baumanager, der dieselben Aufgaben und Ziele des Totalunternehmers verfolgt, allerdings ohne eigene gewerbliche Bauleistungen zu erbringen; die Realisierung wird in diesem Fall vollständig von Nachunternehmern übernommen. Hiervon zu unterscheiden sind Generalunternehmer insoweit, als dass die Planung bis Leistungsphase 4 oder teilweise auch 5 bauseits beigestellt wird; nur der schlüsselfertige Errichtungsprozess liegt dann noch in einer Hand. Für die grundsätzliche vergaberechtliche Beurteilung sind dies nur Varianten, denen dieselbe Haltung zum Beschaffungsbedarf und Rechtsgrundlagen gemein sind.

Durch die modernen Planungstools, insbesondere **B**uilding **I**nformation **M**odeling (BIM), aber auch Konzepte wie Lean Construction werden die vorstehend beschriebenen Ziele zur Kosten- und Bauzeitsicherheit maßgeblich unterstützt. Vornehmlich aus den Reihen der Architekten und Fachplaner sowie der Politik sind bewahrende Stimmen wie Claqueure zu vernehmen, die weiterhin an der gewerkeweisen Vergabe mantrahaft festhalten. Die vermeintliche Mittelstandsfeindlichkeit von Gesamtlosvergaben, wie dies bei Generalunternehmer- oder Totalunternehmervergaben der Fall ist, wird als Dogma angeführt, ohne die gesamte Breite der Bauwirklichkeit angemessen zu betrachten. Aus unserer Beratungspraxis zeigt sich, dass jedes Bauvorhaben individuelle Lösungen auf Beschaffungsseite wie auch Planungs- und Bauseite benötigt. Dazu gehören selbstverständlich weiterhin je geeignetem Projekt sinnvolle gewerkeweise Vergaben, die überwiegend Kleinst- und Kleinunternehmer ansprechen. Dazu gehören aber in der Spitze auch als echte Beschaffungsalternativen Gesamtlosvergaben, um mit öffentlichen Mitteln wirtschaftlich umzugehen.

Die nachfolgende Darstellung verdeutlicht die Einflussnahmemöglichkeiten auf die Baukosten im Verhältnis zu den klassischen Planungsphasen nach HOAI:

2 Bundesministerium für Umwelt, Naturschutz, Bau und Reaktorsicherheit (BMUB), Broschüre „Reform Bundesbau – Bessere Kosten-, Termin- und Qualitätssicherheit bei Bundesbauten –“, April 2016.

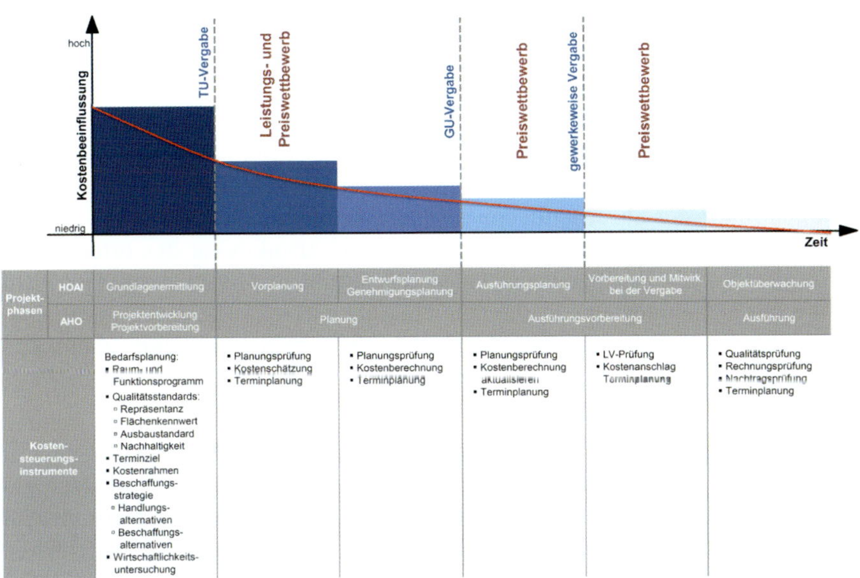

Quelle: Constrata Ingenieurgesellschaft mbH, Bielefeld

Bild 2: Einflussnahme auf die Baukosten

Je früher Planen und Bauen zusammengeführt werden, desto mehr Kostenbeeinflussungsmöglichkeiten bestehen noch. Je fortgeschrittener der Planungsprozess ist, desto geringer können wirtschaftliche Potenziale bei der gewerkeweisen Vergabe zur Optimierung der Beschaffung gehoben werden. Diese schlichte Tatsache führt aber in der Folge der wirtschaftlichen Mittelverwendung nach meiner Einschätzung jedenfalls haushalterisch dazu, dass öffentliche Auftraggeber bei geeigneten Projekten eine sparsame Mittelverwendung vor allem durch Anstreben einer Totalunternehmervergabe erreichen können. Wenn die öffentliche Hand wirtschaftliche Beschaffung unter sparsamer Mittelverwendung ernst nimmt, dann muss bei jedem geeigneten Projekt immer zwischen haushalterischer Mitteleffizienz oder vergaberechtlichem Dogma der Einzelgewerkvergabe eine willkürfreie und ermessensfehlerfreie Entscheidung getroffen werden. Die Vergabepraxis stellt sich dieser Frage jedoch oft mit dem Hinweis auf die zwingend einzuhaltende Einzelgewerkvergabe nach § 97 GWB gar nicht.

Die praktischen Erfahrungen der vergangenen Dekade von Totalunternehmervergaben zeigt, dass eine Benachteiligung des Mittelstandes durch Totalunternehmer nur eine fixe Idee, aber keine empirische Tatsache ist. Auch bei Totalunternehmervergaben werden insbesondere die Ausbaugewerke typischerweise ortsnah vergeben. Mittlerweile sind lokale Handwerksbetriebe sogar eher bereit, für private Auftraggeber an einem öffentlichen Hochbauprojekt als Nachunternehmer mitzuwirken, als sich unmittelbar dem komplizierten Vergabeprozess der öffentlichen Hand, jetzt auch noch mit E-Vergabe, stellen zu müssen. Öffentliche Auftraggeber klagen häufig in den letzten zwei Jahren über geringes Interesse an öffentlichen Vergabeverfahren. Submissionen müssen oft mit nur einem Angebot beendet werden. Die Attraktivität des öffentlichen Auftraggebers für Einzelgewerke ist in der aktuellen Marktsituation schlicht nicht mehr dieselbe wie noch vor vielen Jahren; wirtschaftliche Beschaffungen sind in diesem Marktumfeld mit klassischen Vergabeinstrumenten zunehmend schwierig umzusetzen.

Dieser Marktrealität muss auch der öffentliche Auftraggeber gerecht werden und Antworten finden. Auch wenn § 97 Abs. 4 GWB für öffentliche Auftraggeber „vornehmlich“ die Berücksichtigung mittelständischer Interessen voranstellt, gestatten die geregelten Ausnahmetatbestände bei konkreter Analyse des jeweiligen Bauvorhabens auch Totalunternehmervergaben. Die insoweit erforderlichen technischen und wirtschaftlichen Gründe müssen im konkreten Projekt ermittelt und dokumentiert werden, um eine rechtssichere Beschaffung zu ermöglichen.

Erfolgsfaktoren für Totalunternehmervergaben

Warum werden Totalunternehmer pünktlich und innerhalb des beauftragten Pauschalfestpreises fertig? Sind die in der Regel vereinbarten Pauschalfestpreise so auskömmlich, dass vorab kalkulierte Übergewinne etwaige Schwierigkeiten in der Realisierungsphase überkompensieren? Leidet die städtebauliche, architektonische, funktionale oder technische Qualität des Bauvorhabens, um Zeit und Geld durch den Totalunternehmer zu ersparen? Die schlichte Antwort ist: „Nein“.

Totalunternehmervergaben haben den entscheidenden Vorteil, dass Planen und Bauen in einer Hand liegen und gemeinsam bis zur Nutzerübergabe vorausgedacht werden müssen. Der planende Architekt muss sich bereits vor Angebotsabgabe mit dem realisierenden Bauunternehmen konkret auseinandersetzen und es „droht“ die tatsächliche Beauftragung zu den vereinbarten Konditionen. In der Folge werden Kalkulationen von Totalunternehmern deutlich detailreicher und marktgerechter erfolgen, als dies bei bloßen Einheitspreisvergaben der Fall ist, bei denen Massen- und Mengenirrtümer für den Bieter irrelevant sind. Diese Herangehensweise ist systemimmanent, da die Verantwortung für Fehler in Einheitspreisleistungsverzeichnissen der Auftraggeber trägt und etwaige Abweichungen als Nachträge geltend gemacht werden können. Totalunternehmerverträge basieren in aller Regel auf funktionalen Leistungsbeschreibungen, die output-spezifiziert das schlüsselfertige Bauwerk beschreiben. Etwaige Mengen- und Massenrisiken trägt von vornherein der Totalunternehmer, sodass in der Folge bereits im Planungs- und Kalkulationsprozess erheblich mehr Genauigkeit verlangt wird.

Besonders vorteilhaft stellt sich für alle Beteiligte insoweit die BIM-Methodik im Zusammenhang mit Totalunternehmervergaben dar. Wenn schnittstellenfrei ein verantwortliches Unternehmen alle Planungsgewerke sowie die Realisierung verantwortet, können die Vorteile des BIM vollständig durchgreifen. Für Auftraggeber bietet eine BIM-Planung bereits vor Auftragserteilung detaillierte Einsichten in das künftige Bauwerk. Die koordinierte Gesamtplanung ermöglicht überdies, frühzeitig Kollisionen und damit Mehrkosten auf der Baustelle zu vermeiden. Schließlich lassen sich Baustoffe zielgenauer auf Basis einer BIM-Planung ermitteln, sodass die Baustellen nicht mehr mit erheblichem Überangebot von Material versorgt werden müssen. Damit einhergehende Einkaufs- und Transportvorteile führen insgesamt zu einer wirtschaftlicheren Gesamtbetrachtung der Baumaßnahme. Allerdings sollten Auftraggeber ihren Bedarf im Hinblick auf die mit BIM-Prozessen verbundenen Datenerhebungsmöglichkeiten zuvor definieren. BIM als Schlagwort reicht als Leistungsbeschreibung sicher nicht! Vielmehr müssen sich Auftraggeber im Vorfeld ihren Beschaffungsbedarf nicht nur im Hinblick auf das Gebäude selbst, sondern auch bzgl. der zu generierenden Daten und deren Nutzung im Gebäudebetrieb vor Augen führen. Nur dann können auch die Vorteile einer Planung nach BIM gehoben werden.

Wenn man den gesamten Beschaffungsvorgang eines Bauwerks betrachtet, zeigt sich bei strukturierter und von Dogmen befreiter Betrachtung von Realisierungsformen schnell, welche Unternehmereinsatzform die geeignete für das konkrete Projekt ist:

Bestimmung des Beschaffungsbedarfs

Zunächst ist von entscheidender Bedeutung, dass die Ziele des konkreten Projektes vom Auftraggeber und Bauherrn definiert werden. Nicht jedes Bauvorhaben muss zwingend Kosten- und Terminsicherheit als oberste Ziele einhalten. Wichtig ist aber, dass der Bauherr sich von vornherein zu seinen Zielen bekennt und diese priorisiert. Hierzu bedarf es regelmäßig einer frühzeitigen Nutzerabstimmung und intensiven Einbindung zur Definition des Beschaffungsgegenstandes. Erst wenn Klarheit im Hinblick auf Termin- und Kostenziele sowie die gewünschten funktionalen Aspekte besteht, kann die Frage zur richtigen Unternehmereinsatzform beantwortet werden.

Unternehmereinsatzform

Vertraglich kommen immer vielerlei Einsatzformen für Planungs- und Bauunternehmen in Betracht. Wenn bereits frühzeitig die qualitativen und funktionalen Aspekte festgelegt werden können, dann treten Einflussnahmemöglichkeiten des Bauherrn während der Realisierungsphase in ihrer Gewichtung in den Hintergrund. Immer dann, wenn Kosten- und Terminsicherheit sowie schnittstellenfreie Gewährleistung von großer Bedeutung sind, bieten sich Totalunternehmerlösungen als bevorzugte Realisierungsvariante an.

Die Vergabe eines Auftrags an einen Totalunternehmer setzt jedoch auch die Bereitschaft des Auftraggebers zur Gewährung größerer Freiheitsgrade an den Auftragnehmer voraus. Der Totalunternehmer übernimmt die Realisierungsverantwortung bereits ab der Leistungsphase 1/2 HOAI, d. h. bereits der Vorentwurf wird vom Totalunternehmer geliefert. Das erfordert eine funktionale Leistungsbeschreibung, die auch Anforderungen an städtebauliche und architektonische Qualität definiert, um die Planer entsprechend leiten zu können. Grundsätzlich gilt zwar, dass es keine pauschale Empfehlung für die optimale Unternehmereinsatzform aller Bauvorhaben gibt. Tatsächlich muss individuell anhand der projektbezogenen Ziele, Kapazitäten und Rahmenbedingungen geklärt werden, welche Unternehmereinsatzform die richtige ist. Totalunternehmervergaben haben jedoch insbesondere bei folgenden Aspekten große Vorteile:

- Integration von städtebaulicher und architektonischer Qualität in den Wettbewerb
- Mehrere Alternativen führen zum Pauschalfestpreis vor Auftragsvergabe
- Konkurrenzlos frühe Kostensicherheit
- Eine Abnahme eines schlüsselfertigen Gebäudes ohne Schnittstellen
- Eingespielte Planer- und Bauteams am Markt
- Reduzierter Aufwand des Auftraggebers bei Ausschreibung, Vergabe- und Auftragsabwicklung/Abrechnung
- Konkurrenzlos frühe Terminsicherheit
- Kein Mengen- und Massenrisiko
- Kein Planungsrisiko
- Sehr geringes Nachtragspotenzial bei diszipliniertem Auftraggeber
- Durch Leistungswettbewerb wird kostensenkendes Know-how des Marktes optimal in Planung und Ausführung eingebracht

Bei all den vorstehenden Vorteilen einer Totalunternehmervergabe sind diese natürlich spiegelbildlich zugleich Nachteile, wenn der Bauherr während des

Planungs- und Bauprozesses noch erheblichen Einfluss auf die Realisierung nehmen möchte. Totalunternehmervergaben erfordern disziplinierte Auftraggeber, die vor der Auftragsvergabe bereits wissen, welchen Beschaffungsbedarf sie decken wollen. Ebenso sind derartige Totalunternehmervergaben wegen des pauschalen Leistungs- und Vergütungsansatzes für Projekte ungeeignet, die mit erheblichen Unsicherheiten verbunden sind. Beispielsweise sind architektonische Leuchtturmprojekte wie die Elbphilharmonie oder Stuttgart 21 aufgrund der damit verbundenen Realisierungsrisiken weniger geeignet für entsprechende Vergaben. Ebenso sind denkmalgeschützte Bestandssanierungen aufgrund der erst während des Bauprozesses auftretenden Besonderheiten weniger für Totalunternehmer geeignet. Für zahlreiche andere schlüsselfertige Neubauprojekte bietet sich dagegen die Totalunternehmervergabe im Besonderen an. Insbesondere im Bereich der Daseinsvorsorge für Schul-, Sport-, Schwimmbäder sowie Verwaltungsgebäude bieten Totalunternehmervergaben die größtmögliche Kosten- und Terminsicherheit.

Mittelstandsförderung oder Mittelstandsfeindlichkeit

„Mittelständische Interessen sind bei der Vergabe öffentlicher Aufträge vornehmlich zu berücksichtigen."

Dieser schlichte und auf den ersten Blick harmlose Satz des § 97 Abs. 4 GWB verdichtet die Mittelstandsdebatte um Gesamtlosvergaben in wenige Worte. Ohne empirische Überprüfung und breite Datengrundlage steht quasi als Allgemeingut um Raum, dass mittelständische Interessen vornehmlich durch Einzellosvergaben berücksichtigt werden können. Tatsächlich ist im europäischen Kontext diese Form der kleinteiligen Vergabe ein eher nationales Phänomen, das vor allem auf der über hundertjährigen VOB-Tradition begründet wird. Überdies ist die kleinteilige Unternehmensstruktur in Deutschland seit jeher eine der Hauptursachen für die Behauptung, Mittelstand könne nur durch Einzellosvergaben gefördert werden. In der aktuellen Bauwirklichkeit spiegeln sich diese Überlegungen, die sicher im letzten Jahrhundert ihre Berechtigung gefunden haben, aber nicht mehr wider. Die Baukonjunktur lässt zunehmend beobachten, dass in allen Gewerken aufgrund des Fachkräftemangels und der günstigen wirtschaftlichen Rahmenbedingungen deutlich mehr Auftragschancen für Bauunternehmen bestehen, als tatsächlich angenommen werden können. Es handelt sich um einen Anbietermarkt von Bauleistungen, sodass sich zunehmend Auftraggeber und nicht Auftragnehmer um den Auftrag bewerben müssen, damit eine im Bauablauf lückenlose Besetzung der Baustelle möglich wird.

Das öffentliche Vergabewesen bietet allein aufgrund der jeweils vorgeschriebenen zeitlichen Fristen für Verfahren bei Einzelgewerken häufig nicht die passende Antwort, um flexibel und zügig auf die jeweilige Bauwirklichkeit zu reagieren. Dazu kommt, dass die verwaltungsinternen Rechnungsprüfungsprozesse mittlerweile zu einer sehr verlangsamten Auszahlung von Abschlags- und erst recht Schlussrechnungen führen, die bei kleineren und insbesondere mittelständischen Bauunternehmern zu Liquiditätsengpässen führen können. Die unbestrittenen Vorteile der Insolvenzsicherheit des öffentlichen Auftraggebers werden durch die schwierigen Vergabe- wie Rechnungsprüfungsvorgänge angesichts der günstigen wirtschaftlichen Rahmenbedingungen aktuell nicht mehr aufgehoben.

Berücksichtigt man überdies, dass für Bauunternehmen Bauzeit ein wesentlicher Wirtschaftsfaktor ist, dann wird deutlich, warum insbesondere mittelständische Bauunternehmen in der aktuellen Bauwirklichkeit kaum noch an öffentlichen Ausschreibungen teilnehmen. Der private Auftraggeber, auch der Generalunternehmer oder Totalunternehmer, bietet dem mittelständischen Gewerk deutliche Liquiditätsvorteile, da gerade bei stabilen Unternehmensbeziehungen zügig Abschlagsrechnungen und erst recht Schlussrechnungen beglichen werden. Das bestehende Insolvenzrisiko wird in seiner Bedeutung verdrängt, da die Sorge der letzten Jahrzehnte, dass Bauunternehmen stets an der Grenze der Wirtschaftlichkeit arbeiten müssen, durch die Bauwirklichkeit überholt worden ist. Aber auch die der öffentlichen Hand immanenten langen Entscheidungsprozesse während der Baumaßnahme erschweren die Attraktivität für den Mittelstand.

Mittelstandsfreundliche Vergabe bedeutet heutzutage nach unserer Marktwahrnehmung vielmehr, dass ausgeschriebene Baufenster/Bauzeiten eingehalten, über Entscheidungsvorlagen schnell entschieden und zügig abgerechnet und ausgezahlt wird. Diesen Bedürfnissen werden öffentliche Auftraggeber jedoch zunehmend seltener gerecht.

Der Totalunternehmer löst dieses Dilemma in beide Richtungen. Zum einen bietet er für den öffentlichen Auftraggeber als verlässlicher Gesamtverantwortlicher bis zur schlüsselfertigen Übergabe des Bauvorhabens eine kosten- und terminsichere Realisierungsalternative. Gegenüber den zur Fertigstellung benötigten Nachunternehmern stellt sich der Totalunternehmer als privater Auftraggeber dar, der mit der entsprechenden Flexibilität und Geschwindigkeit agiert. Der vormals – möglicherweise in Teilen – berechtigte Vorwurf der Mittelstandsfeindlichkeit von Gesamtlosvergaben ist daher empirisch nicht mehr nachweisbar. Tatsächlich wäre eine Verdrängung des Mittelstandes aus großen Bauvorhaben nur dann berechtigterweise zu befürchten, wenn nur noch wenige Totalunternehmer Aufträge generieren würden, die sodann etwaige Unterdeckungen zulasten von mittelständischen Nachunternehmern in diesen Vergaben aufholen wollten oder die Eigenleistungsquote deutlich gesteigert werden würde. Auch wenn dies in der Vergangenheit nicht zu tolerierende Marktzustände gewesen sein mögen, ist dies jedoch in der heutigen baukonjunkturellen Lage längst nicht mehr der Fall. Bauunternehmen – mittelständische wie Konzerne – leben von stabilen Vertragsbeziehungen und Partnern, um die zunehmend komplexen Vorgänge partnerschaftlich abzuwickeln.

Besonders vorteilhaft stellt sich für den Mittelstand jedoch auch die Gewährleistungssituation im Verhältnis zum Totalunternehmer dar. In aller Regel möchten mittelständische Bauunternehmen ihr Risiko angemessen auf die ihrem Gewerk zuzuordnenden Risiken begrenzen und lediglich die z. B. in der VOB/B vorgesehenen Gewährleistungsfristen und -umfänge vereinbaren. Häufig besteht im Verhältnis zum öffentlichen Auftraggeber bei größeren Bauvorhaben hier eine Gewährleistungslücke, da z. B. die fünfjährige Gewährleistung für das Gesamtbauwerk vom Totalunternehmer gewährt werden muss, diese Gewährleistungszeit aber nicht immer mit dem mittelständischen Nachunternehmer vereinbart werden kann. Für mittelständische Unternehmen wäre eine unmittelbare Beauftragung durch den öffentlichen Auftraggeber insoweit sogar oft nachteilig.

Besonders bemerkenswert im Hinblick auf die Mittelstandsfreundlichkeit/Mittelstandsfeindlichkeit sind jedoch vergaberechtliche Argumente. Öffentliche Auftraggeber können vergaberechtlich gar nicht rechtmäßig sicherstellen, dass lokale Handwerksbetriebe an der Realisierung des Bauwerks beteiligt werden. Die Neutralität des öffentlichen Vergabewesens zwingt dazu, bei Ober- wie Unterschwellenvergaben, also nationalen wie europaweiten Vergaben, Neutralität in Hinblick auf den Sitz des Bieters walten zu lassen. Nicht selten wird in unserer Beratungspraxis von öffentlicher Hand gewünscht, dass Vergabekriterien so gestaltet werden sollen, dass lokale Handwerksbetriebe einen Vorteil gegenüber entfernteren Wettbewerbern haben sollen. Derartig vergabefremde Kriterien sind jedoch schlicht rechtswidrig, sodass eine Förderung des lokalen Mittelstandes durch Einzelgewerkvergaben von vornherein ausgeschlossen ist. Anders stellt sich die Situation dagegen für den Totalunternehmer dar: Der Totalunternehmer ist als privater Auftraggeber nicht an das öffentliche Vergaberecht gebunden. Er kann dementsprechend andere Vergabekriterien für seine Nachunternehmer anwenden, als dies dem öffentlichen Auftraggeber möglich ist. In der Folge setzen Totalunternehmer insbesondere bei den Ausbaugewerken sehr häufig lokale Handwerksbetriebe ein, da diese im Falle von Gewährleistungsmängeln mit kurzen Anfahrtswegen Mangelbeseitigung wirtschaftlich erledigen können. Allein aus wirtschaftlichen Gründen ist der Einsatz lokaler Handwerker daher für den Totalunternehmer sinnvoll; der öffentliche Auftraggeber kann eine derartige Betrachtung jedoch nicht vergaberechtskonform vornehmen.

Mittelstandsfeindlich sind daher Totalunternehmervergaben keinesfalls. Nur weil eine schnittstellenfreie Gesamtleistung von einem leistungsstarken Partner gefordert wird, heißt dies gerade nicht, dass ein Großteil der Wertschöpfung nicht auch an mittelständische Nachunternehmer vor Ort vergeben wird. Die Baupraxis zeigt vielmehr, dass große Totalunternehmer in aller Regel nach den Rohbauarbeiten überwiegend lokale Nachunternehmer zur Realisierung des Bauvorhabens einsetzen und Mittelstandsförderung im besten Sinne vor Ort betreiben. Das Dogma der Mittelstandsfeindlichkeit von Gesamtlosvergaben ist durch die Bauwirklichkeit längst überholt.

Ausblick

Die nächsten Jahre werden zeigen, wie erfolgreich insbesondere die öffentliche Hand auf die baukonjunkturellen Herausforderungen antworten kann. Erheblicher Investitionsstau in vielen Kommunen führt dazu, dass mit abnehmendem eigenem Personal in den Bauämtern mehr Projekte realisiert werden müssen. Die baukonjunkturelle Lage wie die sich bereits heute in Submissionen abzeichnende Situation zeigen, dass das Konzept der Einzelgewerkvergabe nicht mehr für alle Bauvorhaben einen wirtschaftlich angemessenen und zeitlich sinnvollen Realisierungsweg bedeutet. Demgegenüber stehen erfolgreiche Totalunternehmerprojekte als Beispiele deutschlandweit zur Verfügung, die pünktliche und in den Kosten stabile Realisierungen beweisen.

Je nach Planungsstand der Vorarbeiten, Personalkapazitäten und Know-how des Auftraggebers muss über geeignete Realisierungsvarianten nachgedacht werden. Die Komplexität der anstehenden Bauaufgabe und die zur Gesamtrealisierung erforderlichen Einzelmaßnahmen müssen vorausgedacht und in einem strukturierten Vergabeprozess umgesetzt werden. Dabei bilden die Wahl der projektangemessenen Unternehmereinsatzformen gleichberechtigte Alternativen, die zunehmend als Totalunternehmer zum Erfolg führen.

Voraussetzung für erfolgreiche Totalunternehmervergaben ist ein Vorausdenken des Bedarfs und eine frühzeitige Nutzereinbindung, um die Ziele optimal umsetzen zu können. Nur wenn der Bauherr und Auftraggeber sich seiner mit dem Bauvorhaben verfolgten Ziele frühzeitig und endgültig bewusst geworden ist, kann eine kosten- und termingetreue Realisierung gelingen. Der Lohn dieser frühzeitigen Mühen ist indes aber eine sehr wirtschaftliche und in qualitativer Hinsicht wie funktional überzeugende Gesamtleistung des Totalunternehmers, die während der gesamten Planungs- und Realisierungsphase die Ressourcen des Bauherrn deutlich weniger in Anspruch nimmt als eine zu koordinierende Einzelgewerkevergabe. Überdies entledigt sich der Auftraggeber mit einer Totalunternehmervergabe der zunehmenden Gefahr, einzelne Gewerke gar nicht vergeben zu können und somit den Bauablauf nachhaltig zu stören. Der lokale Mittelstand profitiert in besonderem Maße von der einem Totalunternehmer zustehenden Vergabefreiheit, die jedenfalls öffentliche Auftraggeber vor Ort für sich in Anspruch nehmen können.

Die Entscheidung über die geeignete Unternehmereinsatzform wird in jedem einzelnen Bauprojekt in den nächsten Jahren der relevante Erfolgsfaktor sein. Diejenigen öffentlichen wie privaten Auftraggeber, die sich für eine Totalunternehmervergabe bei geeigneten Projekten entscheiden, werden auch diejenigen Bauherren sein, die mit den vorhandenen Ressourcen pünktlich und kostenstabil die geforderte Bedarfsdeckung sicherstellen können. Im Wettbewerb um Standorte wird dies zunehmend ein entscheidender Faktor sein, wenn Kommunen ihrer Daseinsvorsorgefunktion weiterhin sachgerecht nachkommen wollen.

Dr. Mathias Finke

Fachanwalt für Bau- und Architektenrecht, Partner bei Kapellmann und Partner und Lehrbeauftragter der Leuphana Universität Lüneburg

Nach dem Studium in Bielefeld, an der LMU München sowie der WWU Münster promovierte Herr Dr. Finke zunächst zum öffentlichen Planungsrecht und wechselte dann zum Referendariat nach Hamburg. Seit Anbeginn seiner Rechtsanwaltstätigkeit begleitet er ständig die Strukturierung von großvolumigen Bauprojekten von der Projektidee bis zum Exit für private wie öffentliche Auftraggeber. Insbesondere die Realisierung von Totalunternehmervergaben unter Einbindung städtebaulicher und architektonischer Wettbewerbe bilden einen Beratungsschwerpunkt; in den vergangenen über 16 Jahren seiner Beratungspraxis wurden von ihm zahlreiche kommunale Projekte im Schul-, Verwaltungs-, Veranstaltungs-, sozialen Wohnungs- oder Sportstättenbau kosten- und termingerecht als Totalunternehmervergaben strukturiert und realisiert. Seine Praxiserfahrungen gibt Herr Dr. Finke in vielen Vorträgen und Literaturbeiträgen und im Rahmen seines Lehrauftrags für Baurecht und Baumanagement regelmäßig weiter.

5 Strategie der Projektabwicklung
openBIM und Lean als Methode!

Sicherlich haben Sie die beiden Akronyme in Ihrem beruflichen Umfeld schon oft wahrgenommen. Aber wofür stehen denn eigentlich diese Bezeichnungen? Mein Co-Autor Paul Gerrits hat einmal bei einem Vortrag BIM als **B**lödes **I**rritierendes **M**odewort interpretiert. Und ja, wir meinen auch nicht die Straßenbahn in Wien oder das Berliner Immobilienmanagement, wie auch nicht die BerufsInformationsMesse. Es geht uns um das Building Information Modeling und bei Lean nicht um die Übersetzung aus dem Englischen in das Verb lehnen, sondern um *schlank*. Lassen Sie uns zunächst schauen: Wo kommt es her und was ist eigentlich die Bedeutung?

Was ist eigentlich dieses BIM und was daran ist open?

Das BMVI unter dem ehemaligen Minister Dobrindt beschreibt BIM im Stufenplan Digitales Planen und Bauen von 2015 und legt damit eine einheitliche Definition für den öffentlichen Raum vor:

„Kern der Methode BIM ist die Erstellung von digitalen dreidimensionalen Bauwerksmodellen. Diese Modelle beinhalten vordefinierte Bauteile und Räume. Dafür werden in einem kooperativen Planungsprozess mit allen beteiligten Planern sukzessive die geometrischen Informationen festgelegt, mit anderen relevanten Informationen angereichert und verknüpft. Sie beschreiben z. B. Material, Lebensdauer, umweltrelevante und sonstige Eigenschaften wie Schalldurchlässigkeit oder Brandschutzmerkmale. Räume werden auf der Grundlage der sie begrenzenden Bauteile gesondert beschrieben. Ihnen können Eigenschaften wie z. B. Volumen oder Nutzungsmöglichkeiten zugewiesen werden. Diese Informationen dienen als Datengrundlage während der Planung, Realisierung, des Betriebs und der Erhaltung der Bauwerke. BIM erleichtert damit wesentlich die Betrachtung des gesamten Lebenszyklus. Sofern Zeit und Kosten zusätzlich zu den geometrischen Dimensionen betrachtet werden, spricht man von vier- bzw. fünfdimensionalen Modellen. Auf der Grundlage der damit erzeugten Datensätze können Computerprogramme die Geometrie, aber auch andere gewünschte Aspekte des Bauwerks bzw. des Planungs- und Bauprozesses sichtbar machen."

Zusammengefasst ergibt sich damit folgende Definition:

> „Building Information Modeling bezeichnet eine **kooperative Arbeitsmethodik**, mit der auf der Grundlage **digitaler Modelle eines Bauwerkes** die für seinen Lebenszyklus relevanten **Informationen und Daten** konsistent erfasst, verwaltet und in einer **transparenten Kommunikation** zwischen den Beteiligten ausgetauscht oder für die weitere Bearbeitung übergeben werden."

DIN EN ISO 19650, der Hauptstandard für das Informationsmanagement, beinhaltet folgende Definition:

> „Building Information Modeling (BIM) beschreibt die Nutzung einer gemeinsam genutzten digitalen Repräsentanz eines Bauwerks (inkl. Gebäude und Infrastrukturbauwerke), um die Prozesse der Bauplanung, der Baukonstruktion und des Bauwerkbetriebs zu erleichtern und eine verlässliche Entscheidungsgrundlage bereitzustellen."

Mit dem Stufenplan hat das BMVI ganz klar softwareneutrale Formate eingefordert. Es entspricht damit dem weltweiten Industriestandard, wie er über Jahrzehnte entwickelt wurde. openBIM beschreibt eine Methode, die auf der Bedienung einer Schnittstelle beruht, gleichgültig, mit welcher Autorensoftware ein Gebäudedatenmodell erstellt wurde. Das einheitliche Datenformat ist das IFC-Format. Bei einem Export bleiben sowohl die Intelligenz der Daten als auch die Informationen der Bauteile und ihre Verbindung untereinander erhalten. Ein offener Standard entspricht der deutschen Planerlandschaft und dem deutschen Mittelstand, den Bauausführenden und der Forderung der Bundesarchitekten- und Ingenieurkammer, da diese Marktteilnehmer schon heute mit den verschiedensten CAD-Werkzeugen arbeiten und dieses weiterführen sollen. Weltweit ist der Einsatz der openBIM-Methode unterschiedlich stark verbreitet. Offene Standards hatten es in föderalistisch organisierten Ländern leichter, sich zu etablieren. Im Ausland finden wir Verfahren, die an die Erfüllung bestimmter Kriterien und Richtlinien gebunden sind. So ist in den Niederlanden die Erfüllung des RGD-BIM-Standards des öffentlichen Auftraggebers mit einem bereitgestellten Regelsatz für den Model Checker prüfbar.

Möchte man die BIM-Methode weiter kategorisieren, müssen zwei Ausprägungen des BIM beschrieben werden: zum einen der Grad der Interaktion, zum anderen der Grad des offenen Softwareeinsatzes. Bei der Interaktion ist die einfachste Form das sogenannte little BIM. Dieses beschreibt einfach, dass ein 3-D-Modell mit Bauteilinformationen angelegt, aber nicht mit anderen an der Planung Beteiligten ausgetauscht wurde. Am anderen Ende der Skala steht das big BIM, das beschreibt, dass sich die fachlich Beteiligten und Bauausführenden anhand von Fach- und Teilmodellen koordiniert haben. Das setzt auch eine modellbasierte Kommunikation, die Abbildung von Reifegraden des Modells und entsprechende Protokolle voraus. Die Anzahl der eingesetzten Softwareprodukte der fachlich Beteiligten beschreibt die Einstufung in Closed BIM und openBIM, wobei „Closed" den Einsatz eines einzigen nativen Formats beschreibt. OpenBIM hingegen bedeutet, dass die einheitliche Schnittstelle IFC den Einsatz verschiedener Softwares im Projekt ermöglicht. BIM in fünf Minuten erklärt:

Wo kommt BIM her?

Im Fahrzeug-, Flugzeug- und Maschinenbau waren Pioniere Anfang der 1980er-Jahre bereits damit beschäftigt, grafische und alphanumerische Informationen in Computermodellen zu vereinen. Der Sprung von 2-D auf 3-D führte zu neuen Softwareprodukten wie z.B. CATIA in der französischen Luftfahrtindustrie. Auch die Bau- und Planungsbranche sollte bald in die CAD-Methode aufbrechen, nachdem schon Mitte der 1970er-Jahre ein wichtiger Impuls aus den USA und dem Vereinigten Königreich (UK) versäumt worden war. Dort hatte man nämlich frühzeitig erkannt, dass Bauwerksmodelle nicht auf geometrischen Formen aufgebaut sein sollten, sondern auf Bauteilen. BDS (Building Description System) war ein erstes Projekt, das in der Software eine Bibliothek von Bauteilen anbot, die in virtuelle Modelle eingesetzt werden konnten.

Die Grundidee des Building Information Modeling hieß zunächst Building Product Model. Bald wurde klar, dass zur Verständigung von Industrien ein Standard geschaffen werden musste, der die Modelle für alle lesbar machen konnte. Ein erstes Datenformat wurde 1984 in STEP (Standard for the Exchange of Product Model Data) angeboten, die Vorstufe zum IFC.

Neben den USA und UK wurde auch in den Staaten des damaligen Ostblocks unter teils abenteuerlichen Bedingungen an datenbasierten Entwurfsprogrammen gearbeitet. Auf illegal eingeführten Apple-Computern und, wie es heißt, unter dem Einsatz der Juwelen der Gattin entwickelte Gábor Bojár in Budapest das Programm ARCHICAD, das die erste BIM-Software überhaupt war. Weitere Wegbereiter der semantischen Datenstrukturen kamen vor allem aus den Niederlanden, UK und Deutschland. Das Softwaresystem RUCAPS war 1986 eines der ersten 4-D-Programme, die bereits Bauphasen simulieren konnten und wurde beim Heathrow-Terminal 3 erstmalig in der Bauphase eingesetzt. 1995 wurde als Reaktion auf die Vielzahl von unterschiedlichen Datenformaten durch den IAI (International Alliance für Interoperability – heute buildingSMART International) die IFC-Schnittstelle eingeführt, die inzwischen weltweit als Industriestandard gilt und maßgeblich „Made in Germany" ist. 1997 prägte Nemetschek, heute ALLPLAN, erstmals den Begriff O.P.E.N im BIM-Kontext.

Dr. Thomas Liebich gab bereits seit 1998 einen Überblick über die Austauschformate. In Deutschland wurde dieser Trend erst in den 10er-Jahren des neuen Jahrhunderts aufgegriffen und wartet immer noch auf seinen flächendeckenden Durchbruch. Das vektorbasierte zweidimensionale CAD-Zeichnen ist nach wie vor die populärste Art der Bauwerksbeschreibung, wenn auch ohne jegliche Intelligenz. Auch Irwin Jungreis und Leonid Raiz hatten parallel zu den ARCHICAD-Entwicklungen ein Programm entwickelt, das eine parametrische Change Engine enthielt und objektbasiert programmiert war. Im Jahr 2000 kaufte die Firma AUTODESK das unter dem Namen „REVIT" bereits auf dem Markt befindliche Programm auf und führte es bis heute sehr erfolgreich zu einem der führenden BIM-Autorenwerkzeuge weiter. Um den Millenniumswechsel kamen weitere BIM-fähige CAD-Softwares hinzu. 2004 ermöglichte Revit6 Teams, kollaborativ an einem Modell zusammenzuarbeiten.

Was ist dann Lean Management?

Das japanische Wort „*muda*" steht für eine sinnlose Tätigkeit, das Nichtvorhandensein von Sinn oder Nutzen. Eine Aktivität, die Ressourcen verbraucht, aber keinen Wert erzeugt, ist Verschwendung. Daher ist die *Muda*-Vermeidung, also die Beseitigung von Verschwendung, höchstes Ziel dieser wertschaffenden Methode Lean Management. Erfolgsfaktoren sind hier nicht einfache Techniken oder Managementprozess-Implementierungen, sondern vielmehr der ganzheitliche Ansatz, die Vereinbarung mit der Firmenphilosophie, die Überzeugung der Mitarbeiter und Beteiligten sowie das Befähigen dieser.

Die Kernprinzipien des „Lean Thinking" nach Womack und Jones sind:

- Wertdefinition aus Kundensicht
- Identifikation des Wertstroms
- Umsetzung des Flussprinzips
- Einführung des Pull-Prinzips
- Perfektion anstreben

In der Kundenwertdefinition gilt es, die Brille des Auftraggebers aufzusetzen und das Projekt, welches ja eigentlich ein Produkt ist, exakt auf Anforderungen des Auftraggebers abzustimmen. Es gilt, Entscheidungsvorlagen und Zeitpunkte gemeinsam zu definieren. Eigentlich ist das Design (mindestens Bedarfsmodell) Bestandteil dieser Phase, da die Simulation des Produktes zur unmissverständlichen Definition der Erwartung beiträgt. Diese Phase zahlt extrem auf die Qualitätsoptimierung ein und ist strategische Grundlage für die Abwicklung. Vom einmal definierten Abwicklungsprozess darf nur bei nachweislichem Mehrwert für den Kunden (Zeiten, Kosten, Qualitäten) abgewichen werden.

Mit der Wertstromanalyse betrachtet man die Wertschöpfung der einzelnen Teilprozesse in Bezug auf den Kundenmehrwert. Ist ein Prozess, eine Anwendung wertschöpfend oder nicht-wertschöpfend für das Produkt? Dabei ist allerdings nicht jeder nicht-wertschöpfende Prozess gleich „muda", also Verschwendung, denn er kann wiederum für einen anderen Teilprozess notwendig sein. Der eigentliche Wertstrom ist die Darstellung aller Aktivitäten (Teilprozesse), die zur Herstellung eines Produktes etwas beitragen. Dieses beginnt bereits mit der Planungsphase, in der auch schon Teilprozesse optimiert oder eliminiert werden können.

Das Flussprinzip verlangt von uns ganzheitliches Denken. Kontinuierlich müssen wir nicht nur den Teilprozess auf Ressourcenschonung optimieren, sondern dabei das Große und Ganze im Auge behalten. Es hilft nicht, ein Gewerk, einen Produktionsabschnitt oder eine Abteilung zu optimieren. Es gilt, ständig zu bewerten und zu steuern, wie sehr diese zum Kundenmehrwert und zur Perfektion beitragen, und entsprechend flexibel anzupassen. In der Industrie ist z. B. eine fehlende Lieferung oder der Ausfall einer Produktionsanlage eine Unterbrechung des Wertstroms. Auf der Baustelle sind nicht rechtzeitig fertiggestellte Arbeiten von Gewerken, zu niedrige oder zu hohe Lagerbestände oder nicht plausible Planungen eine Gefahr für den Wertstrom.

Das Pull-Prinzip unterstellt, dass nur das vom Kunden Nachgefragte auch produziert wird. Dieses soll einen Sog erzeugen und eine reine Produktionsauslastung beim Ausführenden unterbinden. Bauteile, Produkte oder auch Bauabschnitte werden erst dann angefragt und abgerufen, wenn sie nach dem Flussprinzip geplant sind. Dabei entfallen unnötige Lagerhaltung, Logistik und die Gefahr von Überbeanspruchung von Ressourcen. Kanban, japanisch für Karte, ist eine Umsetzung des Pull-Prinzips.

Das hehre Ziel der Perfektion ist eher als Nordstern zu verstehen, dem wir stetig folgen. Daher sollte auch in jedem Teilprozess Perfektion angestrebt werden. Im Kontinuierlichen Verbesserungsprozess KVP werden alle Projektbeteiligten aufgefordert, Verschwendung aufzudecken, Verbesserungsvorschläge zu benennen und einzubringen. Das japanische Kaizen war dabei die Grundlage für diesen Managementprozess.

Somit stellt das Lean Thinking in der Addition der einzelnen Prinzipien eine alternative Methode der Projektabwicklung dar, welche auch als Lean Management beschrieben wird und in vielen Branchen und Industrien Anwendung findet. Auch das Bauprojektmanagement bedient sich dieser Methode vollumfänglich über den gesamten Lebenszyklus einer Immobilie oder teilweise in ihren Lebenszyklusphasen.

Eine dieser Phasen ist die Planung. Das Lean Design fördert dabei die Kommunikation zwischen dem Planungsteam und dem Auftraggeber über ein agiles Projektmanagementsystem analog zu den Lean-Thinking-Prinzipien. Die Einbindung aller Beteiligten und der Entscheidungsträger verschlankt die Prozesse und vermeidet Missverständnisse und Fehler in der Planung. Die Rückwärtsplanung hat sich hierbei als sehr erfolgreich, auch in unserem Projekt, erwiesen. Eine 6-Wochen-Vorschau der Aktivitäten der einzelnen Beteiligten und der Bauteile zeigt von hinten zurückbetrachtet die eventuelle Abweichung zum Wertstrom, um sie zu optimieren und gegebenenfalls zu korrigieren. Diese Vorschau wird während der gesamten Planungs- und Ausführungsphase aktualisiert und genutzt.

Wo kommt Lean her?

Nicht nur in der Industrie 2.0 war die Automobilindustrie, damals die Modell-T-Produktion bei Ford als erste serielle Massenproduktion, ein absolutes Novum. Auch das Lean Management stammt ursprünglich aus dieser Industrie. Zunächst verkannt, hatten sich in den 1970er-Jahren japanische Autos immer höhere Marktanteile gesichert, was bis in die 1980er-Jahre mit extrem hohen Qualitätsstandards bei großen Stückzahlen ausgebaut werden konnte. Toyota hatte durch eine stabile Prozessorganisation, welche deutlich schlanker war als bei der herkömmlichen Produktion, den Grad der Wertschöpfung drastisch gesteigert. Diese Methode wurde als „Lean Management" zunächst in den Büchern „The Machine that Changed the World" und „Lean Thinking" von James P. Womack und Daniel T. Jones beschrieben, basierend auf der MIT (Massachusetts Institute of Technology)-Studie „International Motor Vehicle Program". Anfangs für fertigende Prozesse aufgesetzt, wird „Lean" heute in vielen Branchen und auch im Projektmanagement eingesetzt. In der Bauwirtschaft ist der Bauprozess die Fertigung und daher wurde die Methode insbesondere darauf im „Lean Construction" übertragen, welches in unserem Beispielprojekt angewandt wurde. Danke an das TPS (Toyota Production System), welches wir bis heute und ständig neu in unseren Umgebungen interpretieren.

Welche Synergien kann ich erwarten?

In unserem gemeinsamen Projekt Hallenbad Werdohl wurde vornehmlich die Nähe von BIM und Lean Construction gesucht. Insbesondere die Unikathaftigkeit eines normalen Bauvorhabens steht für hohe Ressourcenverschwendung. Daher liegt eine Synergie in der Simulationsmöglichkeit der Vorfertigung. Gerade bei der Auswahl des Konstruktionsprinzips oder in der Badewassertechnik konnte der Grad der Vorfertigung drastisch erhöht werden.

Das bessere Verständnis des Produktes und die Kommunikation mit dem Auftraggeber stehen auch bei beiden Methoden im Mittelpunkt, weshalb die Visualisierung vom Endprodukt, von Zeit- und Kostenfolgen und für den Betrieb eine entscheidende Anwendung darstellen, bei der sich beide Methoden bedingen.

Außerdem geht mit beiden Methoden die Strategie der kleinen Schritte einher. Der Fokus liegt nicht auf dem Endprodukt, was zur Abnahme übergeben wird. Es geht darum, in vielen kleinen Schritten in der integralen iterativen Planung wie auch in den Ablaufprozessen Verbesserung und Qualitätsoptimierungen zu erzielen. Die Addition der einzelnen Verbesserungen aus den Teilschritten stellt den Mehrwert sowohl für den Kunden wie auch für die Ausführenden.

Die modellbasierte Arbeitsweise lässt insbesondere eine enge Verknüpfung und Überwachung des agilen Bauprojektmanagements in Form der Rückwärtsplanung mit der Zeiten- und Kostensimulation als BIM-Anwendung zu und schafft dadurch eine Symbiose der beiden Methoden.

Ob die Synergien gemeinschaftlich gehoben werden oder ob jede einzelne Methode in Projekten angewandt wird, ist derzeit sehr unterschiedlich am Markt zu beobachten. Unsere Erfahrung aus dem Projekt Werdohl hat gezeigt, dass die Kombination auch bei mittelständisch geprägten Projekten erfolgreich angewandt werden kann.

Gemeinsamer Mehrwert der Methoden

- „Know your product" durch Kundenwertsicht und Informationssteigerung in den frühen Phasen
- Wirkliche integrale Planung und Ausführung
- Mehr Transparenz
- Verbesserte Kommunikation und besseres Verständnis
- Schnittstellenoptimierung
- Förderung der Arbeitsmotivation durch wirkliches digitales Miteinander
- Vermeidung von Verschwendung In Bezug auf Prozess, Material und Information und Bau-Soll

- Nachhaltige Entscheidungsvorlagen durch Variantensimulation
- Reduzierung des Kostenrisikos durch Simulationsmöglichkeit
- Höhere Terminsicherheit durch Simulationsmöglichkeit
- Steigerung der Planungs- und Ausführungsqualität durch frühzeitige Fehlererkennung
- Verlässliche Daten und Informationen
- Sinnvolle Bereitstellung von betriebsrelevanten Daten
- Nachhaltige Lebenszyklus-Betrachtung

Doch wie fing es denn am konkreten Projekt an und wurde DAS NEUEN BAUEN mit BIM und Lean denn bereits von Anfang an angewandt?

6 Der erste Sprint
Planung der Planung!

Der erste Sprint zum indikativen Angebot

Alles beginnt mit der Ausschreibung eines Projektes. So sieht es die Vergabeverordnung für die Vergabe durch die öffentliche Hand vor. Für Architekten und Bauausführende heißt das, COMPETITIONLINE, DTVP, e-Vergabe und alle diese Plattformen im Blick zu behalten. Was dort ausgeschrieben wird, sind zumeist öffentliche Dienstleistungsaufträge für Objektplanung, Fachplanung, aber auch Generalplanung und sonstige Dienstleistungen wie auch Bauleistungen. Dieser Weg führt meistens zur Einzelvergabe in den Projekten und damit schwerlicher zur Anwendung von BIM, da die Anforderungen an die einzelnen anderen Projektanten bei den kommunalen Auftraggebern noch nicht umfänglich bekannt sind.

Das Projekt Werdohl kam aber ganz anders an uns Planer heran. Seit vielen Jahren realisieren POS4 ARCHITEKTEN GENERALPLANER öffentliche Schwimmbäder und Sportstätten gemeinsam mit dem Generalunternehmer PELLIKAAN, mit Hauptsitz in den Niederlanden und Niederlassungen in Deutschland, England und in Belgien. Um einige Highlights der Zusammenarbeit aufzuführen, seien der „AQUAPARK" in Oberhausen, das ÖPP-Projekt „OVERSUM" in Winterberg, die Almsporthalle in Bielefeld, das Sportcentrum „DE SOEVEREIN" in Lommel/Belgien und das Schwimmbad „DE VROLIJKHEID" in Zwolle sowie das Schwimmbad und die Dreifachsporthalle in Lisse zu nennen.

Der aufmerksame Leser des „digitalen Miteinanders" kennt das Unternehmen PELLIKAAN bereits als Initiator der BIM-Implementierung und damit Keimzelle für den Unternehmensverbund POS4/DEUBIM. Mit dem Aufruf in 2013, sich doch bitte mit BIM auseinanderzusetzen, und dem angemessenen Zeitraum von drei Jahren dafür wurden wir als Objektplaner partnerschaftlich „etwas unter Druck gesetzt". Heute bin ich dankbar dafür und die Zusammenarbeit hat sich in Bezug auf das Miteinander in verschiedenen Ebenen bewährt. Menschlich kennen und schätzen wir uns, wissen um die Stärken und Schwächen der Einzelnen. Fachlich haben wir voneinander gelernt und uns einen unfassbar wertvollen Bestand an Detail-, Gestaltungs-, Ausführungs- und Konstruktionslösungen erarbeitet. Dabei haben wir ein gesundes Miteinander in Bezug auf architektonische Gestaltung und Kosten erreicht und stellen uns gemeinsam dem Kundenwert. Die vergangenen Projekte haben zudem den datenbasierten Austausch optimiert, sodass die Belange des Generalunternehmers bereits mit den ersten Architekturmodellen bedient werden können.

Anfang Januar 2018 erhielten wir über den Generalunternehmer die Aufforderung zur Beteiligung am Verfahren „ZUR BEAUFTRAGUNG DER TOTALÜBERNEHMERLEISTUNGEN ZUM NEUBAU DES HALLENBADES IN WERDOHL“, direkt gefolgt von einer internen Kick-off-Veranstaltung zur Arbeitsaufteilung in der nun anstehenden Angebotsphase. Und da unterscheidet sich nun schon unser Projekt von vielen anderen in unserem Verantwortungsbereich. „Man kennt sich“ ist nicht gleich immer Kölner Klüngel. Der Generalunternehmer PELLIKAAN hat bereits im Vorfeld seine Auswahl der Projektanten in der Ansprache überlegt, in Bezug auf die Planungs- und Bauaufgabe sowie Kapazitäten und Referenzen. Außerdem spielt eine nicht zu unterschätzende Komptabilität der beteiligten Unternehmen und Personen eine erhebliche Rolle. Und nur ein so eingespieltes Team schafft es, auch in kürzester Zeit eine detaillierte Entscheidungsgrundlage in einem Wettbewerbsverfahren zu liefern. Und da schaue ich einmal gerne in andere Industriebereiche und stelle fest, dass gerade standardisierte Prozesse mit trainierten Teams zur effizienten Abwicklung oder Produktion beitragen. Von den Industrien, in denen im Rahmen der Planung virtuell konstruiert wird und anschließend produziert, können wir eine Menge abschauen. Da ist beispielsweise die Automobilindustrie zu nennen. Sie merken vielleicht an, die bauen ja auch Serienprodukte und nicht Unikate wie wir in der Bauindustrie. Aber vielleicht liegt darin ja schon ein Problem. Warum müssen wir denn bei jedem Projekt das Rad neu erfinden? Dabei hat der gesunde Wiederholungsfaktor keinen Einfluss auf die Gestaltungsvielfalt in der Architektur.

Zurück zu unserem Projekt: Bis zum 15.03.2018 hatten wir nun also Zeit, gemeinsam ein erstes indikatives Angebot nebst zugehöriger Planung zu erstellen. Viele Architekten werden jetzt sagen, das ist doch eine ganz normale Bearbeitungszeit in einem Wettbewerbsverfahren, nicht jedoch, wenn auf Basis dieser Planung ein Preis gebildet werden soll, der nicht der Qualität einer Kostenschätzung entspricht, sondern einem Richtpreis standhalten, daher fundiert ermittelt sein muss. Und einer solchen Aufgabe können wir uns nur mit der dezidierten „Planung der Planung“ im Rahmen des Lean Design nähern. Nachdem wir uns zunächst in der Runde der Projektbeteiligten mit Architektur, Statik, Haustechnik, Bauphysik, Brandschutz sowie Arbeitsvorbereitung, Kalkulation und ausgewählten Nachunternehmern ein gemeinsames Verständnis zum Verfahren und zum Bau-Soll geschaffen hatten, legte nun jeder fest, wer welche Zeit für welchen Teil des Produktes in Anspruch nehmen muss. Und es kam natürlich – wie immer – so, dass alle die ganze Zeit für sich beanspruchen. Und da das so nicht geht, muss im Dialog ein für alle vertretbarer Mittelweg gefunden werden. Dazu ist es von Vorteil, wenn jemand moderierend, ähnlich einem „SCRUM Master“, die Interessen bündelt, zusammenträgt, koordiniert und dokumentiert. Das funktioniert besonders gut mit einem Haufen Post-its und einer Wandtapete mit vertikalen Kalenderwochen und horizontalen Zeilen (Swimlanes) für die Beteiligten und später die Batches. In der eigenen Swimlane setze ich meine Zettel nun so, dass der Nachfolgende auch noch genügend Zeit behält für seine Bearbeitung. Die Betrachtung macht in einer so frühen Phase gewerkeweise Sinn, ist aber in den folgenden Phasen der Planung und des Bauens eher bauteilgruppenbezogen zu führen, da bei der Betrachtung des einzelnen Gewerks doch immer noch zu viel Luft für Unvorhergesehenes einkalkuliert wird.

Bild 3: Lean Design

Anders als bei anderen Bauvorhaben steht bei einem Lean Projekt der Kundenwert im Vordergrund. Und das ist ziemlich ungewöhnlich, denn eigentlich steht doch das Bauvorhaben an sich in meiner kreativen Schöpfung als Architekt ganz vorn. Unser Motto bei POS4 ARCHITEKTEN „Klar sind wir kreativ, aber wir verstehen uns als Dienstleister“ hat uns schon vor vielen Jahren ein wenig darauf vorbereitet! Wenn ich mich aber einmal auf diese Sichtweise einlasse, entsteht etwas ganz Besonderes, nämlich eine viel stärkere Fokussierung auf die Bedarfe des Kunden. Ich gestehe, dass ich als Architekt und Gestalter oft denke:

„Oh, die gerade in einer Publikation gesehene Glasaufteilung und Fassade ist ja toll, die versuche ich direkt mal bei einem nächsten Projekt in einem Entwurf unterzubringen und zu interpretieren." Dabei muss ich mir eingestehen, dass das eine egoistische, vielleicht sogar „verschwenderische" Herangehensweise an Bauaufgaben ist. Auch ist das Althergebrachte „Das mache ich ja immer so und die Farben der Pfosten-Riegel-Konstruktion ist unser Firmenstandard" überhaupt nicht gemäß dem Lean Thinking. Es gilt, sich freizumachen und sich in die Rolle des Kunden zu versetzen. Dass wir technische, konstruktive, funktionale Erfahrungswerte in Projekte einbringen, steht nicht zur Frage, aber wir müssen uns immer die Frage stellen: Brauche ich das hier im Projekt? Ist meine Pfosten-Riegel-Konstruktion in RAL 7022 und mit 4 Meter hohen Gläsern nun wertschöpfend oder nicht?

Der Kundenwert erhöht sich bei einer Bauaufgabe dadurch, dass der Bauherr den Weg zum Erreichen seiner relevanten Ziele nachvollziehen kann. Es gilt, in der Angebotsphase zu plausibilisieren, ob in einem gegebenen Zeitrahmen und einem gegebenen Kostenrahmen die beschriebene Bauaufgabe abbildbar ist. Dazu muss ich die Ziele hinterfragen und verinnerlichen. Um größtmögliche Sicherheit zu gewährleisten, muss das Produkt, das wir in dieser frühen Phase erarbeiten (ich nenne unser Projekt gerade einmal bewusst „Produkt"), detailliert betrachtet und in Bezug auf bestimmte Anforderungen simuliert werden. Dabei ist die modellbasierte Bearbeitung mit BIM für die Angebotsphase schon gesetzt, inklusive modellbasierter Mengen und Massen für die Kalkulation sowie der Plausibilisierung der Bauablaufplanung durch eine 4-D-Simulation. Außerdem sollte insbesondere der öffentliche Auftraggeber einen Modellbeitrag in einem Viewer erhalten, der es ermöglicht, die öffentliche Beteiligung zu einem gemeinsamen Verständnis des Entwurfes zu nutzen, anstatt die Bürger mit der Geheimsprache der Architekten und Ingenieure alleinzulassen oder mit „Bildchen von der Schokoladenseite" zu blenden. Und damit wir auch in Bezug auf die einzubringende Technik, den Baugrund und die Gründung sowie in Bezug auf die Konstruktion schon eine Aussage treffen können, wird bereits in einer so frühen Phase eine kollaborative Zusammenarbeit der Beteiligten am Modell angestrebt. Auch eine Aussage zu Lebenszykluskosten (Energieeffizienz/-verbrauch und Wartungs-/Instandhaltungskosten) war in unserem Projekt zu treffen, da diese Kriterien zu 30 % in die Bewertungsmatrix neben den 70 % der Planungs- und Bauinvestition einflossen.

„Von 0 auf BIM in 2,9 Sekunden". Was sich nicht nur im Automobilbereich, sondern erst recht bei Bauprojekten anhört wie Harakiri, ist mit Disziplin, Taktung und erfahrenen Teams machbar.

Und dann wird es wieder ein ganz normales planerisches Vorgehen, denn die erste, durch Post-its gesicherte Phase für uns Architekten war die Konzeptphase. Die Auseinandersetzung mit dem Bau-Soll hatten wir ja schon geführt, hier noch mal die Aufgabenstellung aus der Ausschreibung:

> „Die Bäderbetriebe Werdohl GmbH beabsichtigen an der Ütterlingser Str. in Werdohl einen Neubau für ein Hallenbad neben dem bestehenden Freibad zu errichten und dieses über eine gemeinsam genutzte Zuwegung bzw. einen gemeinsam genutzten Vorplatz zu erschließen. Dabei soll das Hallenbad über eine kleine Eingangshalle/ein Foyer mit Tresenbeziehung zu einem kombinierten Aufsichts-/Kassen-/Sanitätsraum betreten werden können.
>
> Über den gemeinsamen Erschließungsweg soll auch das Freibad, ebenfalls mit einer Tresenbeziehung zu dem kombinierten Aufsichts-/Kassen-/Sanitätsraum mittels Drehkreuzanlage ohne Umweg durch das Hallenbadfoyer betreten werden können. Der derzeitige Haupteingang des Freibades bleibt erhalten und unangetastet. Wesentliche Elemente der Badewassertechnik, der Wärmeerzeugungsanlagen sowie der MSR-Anlagen des Freibades sind auch für den Betrieb eines Hallenbades ausgelegt und sollen hierfür genutzt werden. Die entsprechenden Anlagenteile des Bestandes sind also in den Neubau zu integrieren.
>
> Vorgesehen ist die Vergabe an einen Totalübernehmer, der das Gebäude und alle geforderten weiteren Leistungen inklusive gegebenenfalls notwendiger Entsorgungsarbeiten unter strengen funktionalen und wirtschaftlichen Gesichtspunkten schlüsselfertig erstellt. Dieses beinhaltet auch die für die Errichtung notwendigen Planungsleistungen.
>
> Das neue Hallenbad soll ein Becken mit 4 Bahnen à 25 m Länge (25 × 10 m) und eine durchgehende Wassertiefe von 1,80 m und einen halbseitigen Hubboden (10 × 12,5 m) einschließlich aller erforderlichen Nebenräume erhalten, mit dem eine Wassertiefe von 0,00 m bis 1,80 m gefahren werden kann. Es soll keine Sprunganlage geben. Als Optionen sollen ein 1 m-Sprungbrett und ein ca. 30 m^2 großer Kleinkinderbereich separat dargestellt und kostenmäßig separat ausgewiesen werden.“

Obwohl die Ortsbesichtigung für den Bieter nicht verpflichtend war, haben wir das Angebot gerne angenommen und uns vor Ort mit den Bedingungen auseinandergesetzt. In dieser bildschönen Landschaft, direkt am Fluss „Lenne“ in direkter Anbindung an das Freibad, waren die städtebaulichen Anforderungen recht einfach zu bedienen. Der Fluss sollte aber mit seinem Überschwemmungsgebiet bautechnisch konstruktiv eine Herausforderung werden.

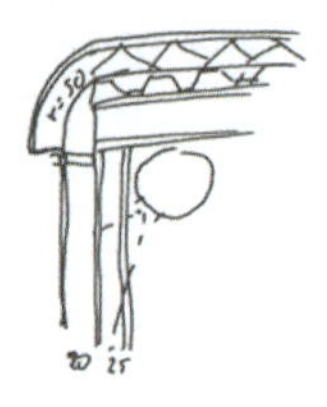

Bild 4: Konzeptskizze

Zurück zum Konzept: Unser Bad sollte in doppelter Hinsicht „Lean" sein. Ein sportliches Budget zwingt alle Beteiligten zur Optimierung des Produktes. Ein extrem kompakter, einfacher Baukörper mit einem optimierten Gebäudequerschnitt wurde bei der Diskussion mit den Kollegen kurzerhand, in der Ermangelung eines Bierdeckels, in den Schmutz auf der Attikaabdeckung unserer Bürodachterrasse gezeichnet.

Der stromlinienförmige Querschnitt des Bades erklärt sich aus den unterschiedlichen Höhenanforderungen an die parallel zueinander liegenden Funktionsbereiche. Die Schwimmhalle muss nach der Bäderbaurichtlinie KOK 4 m lichte Höhe über dem Becken aufweisen. Der Umkleidebereich kann dabei deutlich niedriger sein. Im Übergang der beiden Höhen bietet sich im Querschnitt Raum für eine Verteilertrasse für die TA. In Bezug auf die wartungsarme Bewirtschaftung haben wir uns auf ein attikaloses Gebäude mit einer KALZIP-Eindeckung entschieden, welche zur Straßenseite in die Fassade übergeht. Zum Fluss hin öffnet sich der Querschnitt großzügig verglast und bleibt durch den oberhalb geführten Lüftungskanal kondensatfrei. Ein weiterer Ansatz in der konsequenten Optimierung des Querschnittes liegt in der Reduzierung des kostenintensiv zu erstellenden Kellergeschosses, in dem üblicherweise die aufwendige Badewassertechnik und Lüftung untergebracht ist. Eine Reduzierung der Pressung durch eine kleine Grundfläche im Erdreich kam auch dem Aufschwimmverhalten des Kellers bei Überschwemmungen entgegen. Daher wurde im Team beschlossen, ähnlich dem Freibadbau, den Beckenkörper direkt in das Erdreich zu setzen und lediglich vor Kopf des 25-m-Beckens einen Technikkeller zu realisieren. Auch wurde aufgrund der Realisierungszeit eine vorgefertigte Bauweise in Stahlkonstruktion oberhalb der Bodenplatte im Erdgeschoss angestrebt.

Für den Generalunternehmer PELLIKAAN ging es darum, sehr früh über die Mengen und Massen eine detaillierte Aussage zu den Kosten treffen zu können. Der dazu relevante BIM-Anwendungsfall wurde seitens der Kalkulatoren des Generalunternehmens durch Informations-Austauschanforderungen im BIM-Protokoll (in den Niederlanden stark verbreitet, in Deutschland würden wir von eher knappen AIA sprechen) beschrieben und gefordert. Diese Anforderung an den Datenaustausch wurde bis dahin in mehreren gemeinsamen Projekten von POS4 ARCHITEKTEN mit der Fa. PELLIKAAN erprobt und stetig weiterentwickelt.

Nachdem nun das Konzept skizziert war, wurde von den Architekten ein 3-D-Grundlagenmodell in der CAD-Autorensoftware ARCHICAD entsprechend des BIM-Protokolls erstellt und an den TA-Planer (LUCES INGENIEURE, Pulheim) sowie den Tragwerkplaner (CH-INGENIEURE, Aachen) verteilt. Da diese mit anderen Autorenwerkzeugen arbeiteten (TA PLANCAL NOVA und Statik ALLPLAN), wurde gemäß eines openBIM-Projektes der Datenaustausch zur Koordination über das IFC 2×3 Format durchgeführt. Damit die Informationswege nachvollziehbar blieben und jeder Beteiligte auch auf aktuelle Daten zugreifen konnte, wurde für die Angebotsphase bereits ein Common Data Environment CDE (Bricsys für das Dokumentenmanagement und Bimsync für die Modellkollaboration) eingerichtet und als Kollaborationsplattform für die Modellbeiträge genutzt. Die Verwendung der korrekten IFC-Entitäten und die Nomenklatur der Baustoffe war dabei ein maschinenlesbares unabdingbares Merkmal, welches durch das BIM-Management aufseiten des Generalunternehmers auch schon in der Konzeptphase überprüft wurde. Für die Planer verständlich aufbereitet wurden Änderungsanforderungen kommuniziert und sukzessive berücksichtigt, wie hier zu sehen:

Bild 5: Grundlagenmodell POS4 ARCHITEKTEN

Damit hatten wir in unserem „Zettelchensoll“ (Sie wissen schon, die Post-its) fristgerecht unseren Betrag geliefert und zur Bearbeitung durch die weiteren Planer freigegeben. Natürlich konnte bis zur Angebotsabgabe nicht eine vollständige Entwurfsplanung erreicht werden; gleichwohl waren jedoch die wesentlichen Querschnitte im Rahmen der „Trassenreservierung“ durch die TA und TWP realistisch abgebildet, teilweise bereits mit ausführenden Gewerken abgestimmt. Und damit der Kunde das Produkt auch besser nachvollziehen konnte, bestand die Abgabeleistung neben dem indikativen Angebot nun auch in der Visualisierung am Modell und der Simulation in Bezug auf die Bauablaufplanung zur Plausibilisierung des gesetzten Zeitrahmens, wie hier im Video zu sehen:

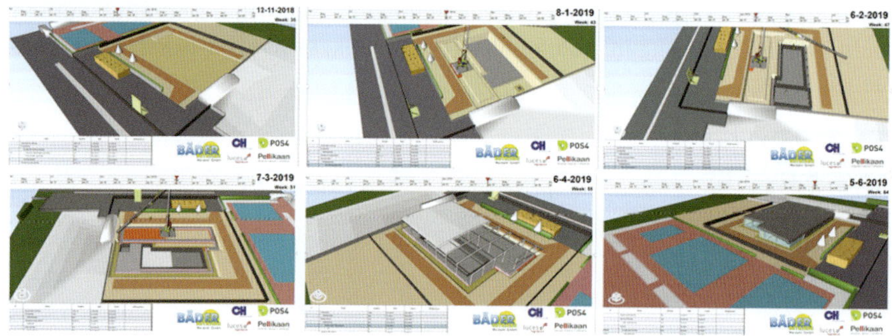

Bild 6: „Bauablaufsimulation 4D“ durch PELLIKAAN in der ersten Angebotsphase

Nach der ersten Angebotspräsentation und Klärung von Bieterfragen wurden Änderungswünsche durch den Auftraggeber artikuliert, welche im Rahmen der Angebotsüberarbeitung einzupflegen waren. Insbesondere wurde durch die zukünftigen Nutzer der Wunsch nach einem 1-m-Sprungbrett geäußert, um auch mehrere deutsche Schwimmabzeichenprüfungen durchführen zu können. Dies bedingte, eine Planungsvariante mit einem erhöhten Hallenbaukörper und einem tieferen Becken anzulegen. Über dem Sprungbrett ist nach der Bäderbaurichtlinie KOK ein freier Querschnitt von 5 m freizuhalten. Dabei muss die

Wassertiefe mindestens 3,40 m betragen. Da nun der Beckenboden tiefer lag, wurde entsprechend der angrenzende Technikkeller ebenfalls tiefergelegt. Der nun erhöhte Hallenteil bot sich für die Verlagerung der Lüftungsanlage in ein Mezzaningeschoss an, zumal sich die Grundfläche zugunsten der verbleibenden Liegewiese verkleinerte und dies durch den noch kompakteren Baukörper zu weiteren Kosteneinsparungen führte. Zur Liegewiese hin zeigt sich die Überhöhung als Frame mit eingelegten Fensterbändern mit Colorglas.

Eine weitere Variantenbetrachtung im Rahmen der Angebotsphase war auf der Seite des Generalunternehmers der Vergleich eines Tragwerks mit Betonstützen und Stahltragwerkbindern gegen ein reines Stahltragwerk ab der Oberkante der Bodenplatte im Erdgeschoss. Dabei konnten nicht nur die Kosten simuliert werden, sondern auch die Zeitensimulation den entscheidenden Hinweis auf die letztlich gewählte reine Stahlkonstruktion geben. Sämtliche Varianten wurden in ihrer Differenz durch den Modell Checker überprüft und z. B. in der Kostenbetrachtung wurde lediglich die Abweichung bewertet.

Der Generalunternehmer nutzte das Modell aktiv in der Angebotserstellung, indem mit einer entsprechenden Klassifikation der Bauteile Kostenmerkmale über einen Information-Take-off im Modell Checker frühzeitig sehr einfach mit Kosten- und Leistungspositionen verknüpft wurden. Außerdem konnten bereits in der Angebotsphase über die Bereitstellungen der Mengen und Massen aus dem Modell Nachunternehmerangebote in der Kalkulation berücksichtigt und der Preis geschärft werden.

Im Rahmen der AUFFORDERUNG ZUR ABGABE DES LETZTVERBINDLICHEN ANGEBOTS (FINAL CALL) wurden die Planungsstände aktualisiert und überarbeitet mit dem Angebot erneut eingereicht.

Bild 7: Planungsvariante zum letztverbindlichen Angebot mit Erhöhung für Sprunganlage

Projekteckdaten

Standort:	58791 Stadt Werdohl, Nordrhein-Westfalen, Ütterlingser Straße 59, Gemarkung Werdohl, Flur-Flurstück 9-1074, 9-1072	
Grundstück:	Fläche	Ca. 8.000 qm
Bauwerk:	Fläche brutto (BGF) Bauantrag	Ca. 1300 qm
	Volumen (BRI) Bauantrag	Ca. 7057 cbm
Vorhaben:	Neubau eines funktionalen Hallenbades am Standort des Freibades, um auch künftig das Schul- und Vereinsschwimmen und damit die Daseinsvorsorge insgesamt zu gewährleisten.	
Ausstattung:	25 m Sportbecken, 4 Bahnen Hubboden 1-m-Spungbrett Stellplätze	Wasserfläche ca. 250 m², 0 m–3,40 m Wassertiefe 10 m × 12,5 m
Termine:	Aufforderung zur Abgabe erstes indikatives Angebot	22. Dezember 2017
	Abgabe erstes indikatives Angebot	15. März 2018
	Überarbeitetes Angebot, nach Verhandlungsrunde und Überarbeitungsaufforderung	08. Mai 2018
	Angebot final	06. Juni 2018
	Vertragsbeginn	01. Juli 2018
	Planung LPH 2 bis 4	Juni 2018 bis August 2018
	Bauantrag	August 2018
	Planung LPH 5 (WP1)	August 2018 bis Dezember 2018
	Baugenehmigung	November 2018
	Abbruch/Baubeginn	Februar 2018/Mai 2018
	Eröffnung	24. Oktober 2019
	Inbetriebnahme	28. Oktober 2019

Kosten:	Gesamtkosten (DIN 276: 200-700)	€ 4.990.000,00 netto € 5.938.100,00 brutto

Die gesamte Angebotsphase bei einem Totalübernehmerverfahren ist wie ein erster Sprint zu sehen, analog der SCRUM-Methode, wo man als Totalübernehmer einen Entwurf konzipieren muss, der mit einem Pauschalfestpreis (Design und Build, Planen und Bauen) belastbar sein muss.

Die Ausschreibungsunterlagen sind dabei der **Product Backlog**, also eine dynamische Liste, in der definiert ist, was wann geliefert werden muss. Die Zeit bis zur Angebotsabgabe teilen wir dabei auf in verschiedene Sprints. Ein Sprint dauert bei uns in der Regel 14 Tage.

Der **Product Owner** ist in unserer Analogie der Akquisiteur des Generalunternehmers, das **Development Team** besteht aus dem Architekten/Objektplaner, dem Statiker, dem TA-Ingenieur, dem Kalkulator und dem Projektleiter des GU. Die **Stakeholder** sind der Auftraggeber, der Projektsteuerer und das Management des GU.

Mittels sogenannten **User Stories** wird zunächst festgelegt, was in dem ersten Sprint gemacht werden muss. Jeden Tag findet ein **Daily Stand** statt (telefonisch maximal 15 Minuten), wobei der Fortgang besprochen wird. Hieraus folgt nun am Ende des ersten Sprints (nach 14 Tage) als Resultat ein **Teilprodukt**.

Jetzt folgt der **Sprint Review**, in dem besprochen wird, ob die Ergebnisse dem entsprechen, was in die User Stories beschrieben war. Punkte, die nicht erledigt sind oder nicht zu Zufriedenheit führen, werden wieder in den zweiten Sprint übernommen, gemeinsam mit neuen Punkten aus der User Story. Der Product Owner überwacht das gesamte Verfahren und sorgt dafür, dass alle Punkte aus dem Product Backlog in die User Stories übernommen werden, sodass am Ende alles erfüllt wird. Das ermöglicht auch fortwährend die Kundenwertbetrachtung. So gehen die Intervalle ähnlich weiter im dritten und vierten Sprint, bis das **Endprodukt** (finales Angebot) erreicht wird.

Diese Methode ist beim Angebotsverfahren so sinnvoll, weil am Anfang noch nicht bekannt ist, wie das Endprodukt aussehen wird. Das Development Team funktioniert wie ein „self propelled team“, also ein Team, das sich selbst antreibt und gegenseitig verstärkt, um das bestmögliche Produkt (hier: Entwurf und Preis) zu erzielen.

Motivationsgesteigert in der nächsten Runde gilt es nun, aber auch die Daten zu einem konkreten Projekt auf der Auftraggeberseite richtig auszuschreiben.

Wenn ich einen digitalen Zwilling als Datenmodell erwarte, gehört dieser in das Liefersoll aller Beteiligten in der Wertschöpfungskette Bau. Doch was sind sinnvolle Daten, wie kann ich sie beschreiben und wie nachhaltig kann ich sie bestimmen? Lassen Sie uns gemeinsam einen Blick darauf werfen!

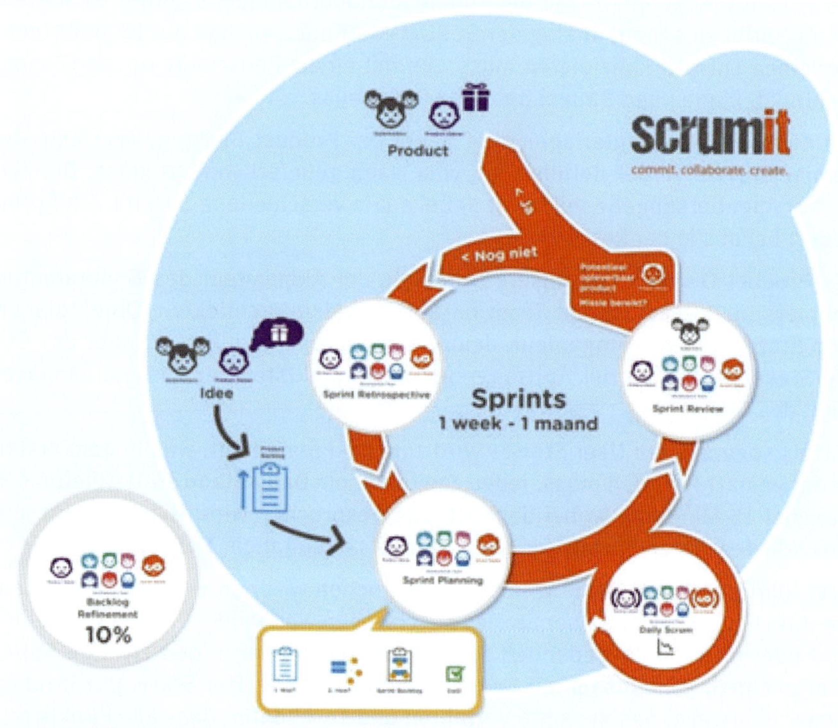

Quelle: scrumit.nl

Bild 8: Commit, collaborate, create

7 Bitte ein BIM

Warum das BIM-Setup ein Erfolgsfaktor ist!

Diejenigen unter Ihnen, die schon einmal mit der HOAI zu tun hatten, kennen dieses Problem vielleicht. Fehlt da nicht etwas am Anfang eines Projektes? Da sind uns die Projektmanager mit der AHO ein Stück weit voraus. Doch nicht jedes Bauprojekt wird unter Beteiligung von Projektsteuerern realisiert, zumal wir hier über mittelständische Projekte berichten wollen. Das, was in der HOAI fehlt, ist etwas vor der LP 1, der Grundlagenermittlung. Etwas wie eine LP 0, in der das Projekt auf der Auftraggeberseite strategisch vorbereitet und aufgesetzt wird. Dabei meinen wir nicht die DIN 18205, in der es unter anderem um den Bedarf des Bausolls geht, eher um den Bedarf an Informationen während der Planungs-, Bau- und Betriebsphase. In unserem Projektbeispiel meinen wir also nicht den Bedarf an einem Bauwerk mit 25-m-Sportbecken, vier Sammelumkleiden und alles bitte barrierefrei. Der Informationsbedarf beschreibt den Bedarf in Bezug auf das Abbild der zu erwartenden Realität, also den Building Twin. Welche Informationen benötigt der Auftraggeber für und während der Planungs- und Bauphase und welche Informationen können zukünftig im Betrieb des Bades für Property- und Facility-Management-Anwendungen herangezogen werden? Bestenfalls können nach der Realisierung auch die Betriebsprozesse datenbasiert unterstützt werden. Das, was uns also fehlt, ist das frühzeitige Design des Informationsprozesses und die Ausschreibung des digitalen Zwillings in Bezug auf WER liefert WAS zu WELCHEM ZEITPUNKT in WELCHER FORM für eine bestimmte Anwendung, die im Rahmen des Projektes oder für das fertiggestellte Objekt durchzuführen ist.

Hier zeigt sich nun auch wieder die Parallelität zur Abwicklung mit dem Lean Management. Denn nur das sinnvolle Erheben von Daten trägt zur Eliminierung von Verschwendung in den Prozessen des Informationsmanagements bei.

Der öffentliche Auftraggeber wird zukünftig also auch die Bestellung der relevanten Informationen tätigen müssen. Das Land Nordrhein-Westfalen hat dazu im Ministerium für Heimat, Kommunales, Bau und Gleichstellung (MHKBG) ein BIM Competence Center (BIM-CC) aufgebaut, welches die Einführung der Methodik als ein Baustein der Digitalisierung bei der Verwaltung vorantreibt. Wir sind als Praxispartner im Forschungsprojekt „BIM-Handlungsempfehlung für die kommunalen Bauverwaltungen und die kommunale Gebäudewirtschaft in Nordrhein-Westfalen“ eingebunden und sehen gerade in der Befähigung zum Projektaufsatz einen wichtigen Meilenstein.

Außerdem durften wir bereits kommunale Auftraggeber bei dem Aufsetzen und der Pilotierung von Projekten wie z.B. dem Neubau des Bürgerrathauses oder beim Schulbauprojekt „Gesamtschule Bockmühle“ der Stadt Essen begleiten und die BIM-Methodik durch VgV-Verfahren mit vorgeschalteten Planerwettbewerben integrieren. BIM funktioniert nämlich auch schon heute für den öffentlichen Auftraggeber ganz hervorragend, wie diese Beispiele zeigen!

Lassen Sie uns einen Blick auf den BIM-konformen Projektaufsatz und die eventuell anstehende Planer-, Generalplaner-, Bauausführenden- oder Generalunternehmersuche werfen. Unsere Erfahrung hat gezeigt, dass das gemeinsame BIM-Verständnis auf der Auftraggeberseite essenziell wichtig auch im Projektaufsatz ist. Ein ungleichgewichtig gelagertes Know-how schafft nicht den zu erzielenden Mehrwert in Ihrer Organisation und für das gesamte Projekt. Erst der Abgleich mit der eigenen bisherigen Arbeit und der Austausch mit Kollegen führt zu einer eigenen BIM-Kultur unter den Projektmanagern in der Kommune. Im Rahmen des Ausschreibungsprozesses gilt es, das Verfahren und die entsprechenden Ausschreibungsunterlagen der Methodik anzupassen. Neben dem unten beschriebenen Datenausschreiben ist insbesondere projektspezifisch zu überlegen, welche Konstellation der Projektbeteiligten ansteht. Kann über den vollen Mehrwert bei der Beauftragung eines Generalplaners, eines Generalunternehmers oder sogar Totalübernehmers verfügt werden oder ist es doch etwas komplizierter durch Einzelvergaben einzufordern? Dabei gilt es, eine gesunde Mischung von „wie viel BIM darf es denn sein?“ zu finden, ohne den Wettbewerb so einzuengen, dass nicht nur das beste BIM-geeignete Unternehmen gefunden wird, sondern auch passende Projektbeteiligte für die entsprechende Planungs- oder Bauaufgabe. Auch wenn schon vor vielen Jahren das Einfordern von Modelldaten inklusive Nachhaltigkeitsattribuierung im Rahmen eines Wettbewerbs für einen Museumsneubau in Oslo zu einer Vielzahl von Teilnehmerbeiträgen geführt hat, wäre das bei uns derzeit noch nicht risikofrei oder führt sogar zu Einsprüchen bei der Vergabekammer.

Gute Erfahrung haben wir mit der BIM-Ausschreibung in einem mehrstufigen Verfahren (VgV-Verhandlungsverfahren mit vorgelagertem Planungswettbewerb) sammeln können, welches wie folgt aussah:

1. **EU-Bekanntmachung inkl. Formulierung der BIM-Anforderung für das Projekt**

2. **Eigenerklärung und Nachweis der BIM-Erfahrung des Bieters im Teilnahmeantrag durch Abfrage (Formularinhalte, z. B. technische Ausstattung wie Software, Cloudlösung zur Kollaboration und Kommunikation, Erfahrung und Qualifikation z.B. der BIM-relevanten Rollen, Erfahrung in der interdisziplinären Arbeitsweise wie Koordination sowie Erfahrung mit diversen BIM-Anwendungsfällen sowie von Projektreferenzen BIM)**

3. **Kolloquium mit Rückfragemöglichkeit**
4. **Durchführung Planungswettbewerb nach RPW 2013 mit geringer BIM-Anforderung auf Basis zur Ausschreibung bereitgestellter AIA, eines vorvertraglichen BAP sowie einer Modellierungsrichtlinie mit Definition des LOI sowie einer IFC-Startdatei (Grundlagendatei) inkl. Gebäudebestände und Topografie**
5. **Vorvertragliche BIM-Leistung (besondere Leistung) durch den ersten Preisträger mit exemplarischer Modellbearbeitung (ausgesuchte BIM-Anwendungsfälle) und Ausformulierung des vorvertraglichen BIM-Abwicklungsplanes. Grundlage für die Bearbeitung der anschließenden Leistungsphasen**
6. **VgV-Verhandlungsverfahren gemäß § 14 Abs. 4 Nr. 8 VgV.**

Diese Verfahrensart bietet hohe Vergabesicherheit, da den Beteiligten bereits zur Auslobung die AIA als Vergabedokument mit ausgehändigt werden und jeder Bieter bewerten kann, worauf er sich einlässt. Außerdem ist der eigentliche Wettbewerbsanteil mit hohem funktional-kreativem Freiraum nicht durch BIM-Anforderungen eingeengt. Die Aushändigung des vorvertraglichen BAP zur Fertigstellung durch den Bieter erlaubt Einblicke in die Arbeitsweise und lässt Raum, Vorschläge des Bieters zu berücksichtigen. Die erfolgreiche Bearbeitung der vorvertraglichen BIM-Leistungen ermöglicht eine ressourcenschonende Prüfung, ohne die Vorprüfung des Wettbewerbs im Leistungsumfang zu erhöhen. Es ist eine Frage der Zeit, als dass wir dann mehr BIM-Leistungen bereits in die Wettbewerbsphase abverlangen können. Derzeit sei aber immer eine gute Markteinschätzung mit den projektspezifischen Anforderungen gut abgeglichen.

Zurück zu unserem Praxisbeispiel, die Erarbeitung der relevanten BIM-Standards wurde im Projekt Hallenbad Werdohl eher freiwillig aufseiten des Auftragnehmers der Totalübernehmerschaft erarbeitet und dann erst mit dem Auftraggeber abgestimmt, da er zu dem Zeitpunkt noch keine konkreten Anforderungen hatte. Zukünftig und im Normalfall ist diese Aufgabe, wie zuvor beschrieben, auf der Seite eines professionellen Auftraggebers selbst zu erbringen. Da wir uns aber in einer Pilotierungsphase befinden, ist es derzeit nicht unüblich, die eigentlichen „Auftraggeber-Informationsanforderungen" auch auf der Auftragnehmerseite zu erarbeiten und sich gemeinsam der etwas anderen Herangehensweise an Projekte zu stellen. Dieses hat den Mehrwert, für künftige Projekte bereits auf eigene Standards und Erfahrungswerte zurückgreifen zu können, wenn sie einmal formuliert sind. Formal ist dabei jedoch zu beachten, dass die Ausschreibung der Informationen ein Bestandteil der Vergabeunterlagen ist und es in diesem Zusammenhang nicht dienlich sein kann, diese durch den AN erstellen zu lassen.

Wenn ich mich als Auftraggeber dazu entschließe, explizit die Anwendung der BIM-Methode einzufordern, sollte ich ein Verständnis vom Mehrwert des BIM-Einsatzes haben. Dabei ist auch konsequent zu überprüfen, ob der Einsatz der Projektanforderung in Bezug auf den Umfang und die Größe angemessen ist. Wird auf Bundes- und Landesebene die Anwendung der BIM-Methode für öffentliche Bauvorhaben eingefordert, heißt das noch lange nicht, dass alles derzeit technisch Mögliche auch für Ihr kommunales Projekt sinnvoll ist. „Bitte ein BIM!" reicht da einfach nicht. Sie wählen den Skalierungsgrad für Ihre Kommune, Ihr Unternehmen und für Ihr Projekt selbst. Die sinnvolle Datenerhebung durch die Methode BIM ist dabei selbst ein schlanker, also „leaner" Ansatz. Aus der Ausschreibung des Projektes Hallenbad Werdohl und der dezidierten Projektanforderung wurde zunächst der mögliche Mehrwert durch die Nutzung der BIM-Methode identifiziert und in Ziele in den Bereichen Übergeordnet, Planen, Bauen und Betreiben für das Hallenbad-Projekt überführt:

BIM-Ziele für das Projekt Hallenbad Werdohl

Übergeordnet

- Verlässliche und konsistente Informations- und Datengrundlage, gesteigerte Transparenz über den gesamten Lebenszyklus – „single source of truth"
- Besseres Verständnis des Projektes bei allen Beteiligten
- Höhere Sicherheit bei der Einhaltung von Zeiten und Kosten
- Verschlankung von Prozessen durch bessere Interoperabilität (durchgängige Nutzung und Wiederverwendung von Daten)
- Bessere Entscheidungsvorlagen für Bauherren und Nutzer

Planen

- Visualisierung
- Steigerung der Planungsqualität durch Minimierung von Planungsfehlern
- Optimierung der Koordination und Kollaboration
- Optimierte Mengen- und Massenermittlung
- Optimierte Variantenbetrachtung

Bauen

- Transparenz und Verbesserung des Bauablaufs
- Optimierte Koordinierung der verschiedenen Gewerke in der Ausführung
- Durchgängige Datennutzung, vom Entwurfsmodell zum Engineeringmodell
- Besseres Kostencontrolling
- Optimierte Baufortschrittskontrolle
- Optimierte Mengen- und Massenermittlung
- Bessere Qualitätsüberprüfung und Optimierung Mangelmanagement
- Optimierte Dokumentation und Revisionsunterlage zur Übergabe

Betreiben

- Verlässliche Informations- und Datengrundlage für den Betrieb

Hierbei sind die aus den Projektanforderungen des Auftraggebers abgeleiteten Ziele (in schwarz) durch Ziele des Totalübernehmers (in rot) ergänzt worden.

Auf Basis dieser BIM-Ziele wurden nun die dazu durchzuführenden BIM-Anwendungen für das Projekt festgelegt. Dabei ist zu beachten, dass mehrere Anwendungen sich auf dasselbe Ziel beziehen können. Hierbei empfiehlt sich ein Weg, der allerdings noch nicht gang und gäbe ist: die Erstellung eines BIM-Nutzungsplanes.

DEUBIM		Planen							
Bereich	Anwendung / Ziel	Machbarkeitsstudien für Neubauten	Objekt- und Fachplanung	Visualisierung der Objekt- und Fachplanung	Planungsvarianten vergleich	Erzeugen von Plänen und Listen für Vorentwurf, Entwurf, Genehmigung und Ausführung zur Abstimmung und Freigabe	Koordination und Integration der Planung (Objekt- und Fachplanung)	Bemessung und Nachweisführung	Fortschrittskontrolle der Planung
Übergeordnete Ziele	Verlässliche und konsistente Informations- und Datengrundlage, gesteigerte Transparenz über den gesamten Lebenszyklus - „single source of truth“		X			X	X	X	
	Besseres Verständnis des Projektes bei allen Beteiligten			X					
	Höhere Sicherheit bei der Einhaltung von Zeiten und Kosten								X
	Verschlankung von Prozessen durch bessere Interoperabilität (durchgängige Nutzung und Wiederverwendung von Daten)						X		
	Bessere Entscheidungsvorlagen für Bauherren und Nutzer	X		X	X				
Ziele Bereich Planen	Visualisierung			X					
	Steigerung der Planungsqualität durch Minimierung von Planungsfehlern		X				X	X	
	Optimierung der Koordination und Kollaboration						X		
	Optimierte Mengen- und Massenermittlung								
	Optimierte Variantenbetrachtung			X	X				
Ziele Bereich Bauen	Transparenz und Verbesserung des Bauablaufs								
	Optimierte Koordinierung der verschiedenen Gewerke								
	Durchgängige Datennutzung, von Entwurfsmodel zum Engineeringsmodel								
	Besseres Kostencontrolling								
	Optimierte Baufortschrittskontrolle								
	Optimierte Mengen- und Massenermittlung								
	Bessere Qualitätsüberprüfung und Optimierung Mangelmanagement								
	Optimierte Dokumentation und Revisionsunterlage zur Übergabe								
Ziele Bereich Betreiben	Verlässliche Informations- und Datengrundlage für den Betrieb								

Abb. 9: BIM-Nutzungsplan

		Bauen					Betreiben	
Plausibilitätsprüfung von Mengen- und Massen in der Planung	Kostenmanagement nach DIN 276	Erstellung von Leistungsverzeichnissen für die Ausschreibung der Bauausführung	Angebotskalkulation der Bauausführung	Abrechnung von Bauleistungen	Terminplanung der Ausführung/ Logistikkonzept	Änderungs-nachverfolgung	Herleiten und Einpflegen einer FM-Attribuierung in das Modell	Bauwerksdokumentation
X		X					X	
X	X	X	X	X	X			
							X	
X								
					X			
						X		
						X		
	X	X	X	X				
					X			
X								
						X		
								X
							X	X

Im Rahmen einer Kosten-Nutzen-Analyse sollte jeder einzelne Anwendungsfall auf den Prüfstand und in Bezug auf Wertschöpfung und Einfluss auf den Projekterfolg überprüft werden. Nicht jeder Scan, jede Simulation und Einbindung aufwendiger Softwarelösungen ist bei kleinen und mittleren Projekten angemessen. Es gilt, die digitale Verschwendung in der Informationserstellung wie auch die in der Planung und physische Verschwendung auf der Baustelle in den Griff zu bekommen.

Für Bundesbauten wurden bereits BIM-Level (1–3) eingeführt, die sukzessive die Erhöhung festgelegter BIM-Anwendungen bedeuten. Dabei wurden zunächst im Level 1 die Planungsanwendungen erfasst, im Level 2 die Bauanwendungen und im Level 3 eine Vertiefung der zuvor genannten. In Anlehnung an diese Level des Bundesbaus ist unser Pilotprojekt bereits als BIM-Level 3 einzuordnen.

Durch die eindeutige Zuordnung von Prozessen und sehr strukturierte Herangehensweise unterscheidet sich diese Projektabwicklung von konventionellen Bauvorhaben.

Eine weitere Anforderung an die Projektabwicklung war es, mit offenen Ökosystemen zu arbeiten, was in Bezug auf die Bauwerksinformationserstellung den Einsatz von openBIM bedeutete. PELLIKAAN mit Stammsitz in den Niederlanden ist in der Anwendung bereits erfahren und kennt die Anforderung des öffentlichen Auftraggebers in Bezug auf die herstellerneutralen Datenformate im Rahmen der diskriminierungsfreien Vergabe.

Wie öffentliche Auftraggeber mit Vorbildcharakter unter dem Druck einiger Softwareanbieter diese jedoch verletzen und mit teils abenteuerlichen juristischen Herleitungen begründen, erscheint den Autoren gesellschaftlich und moralisch nicht vertretbar. Insbesondere vor dem Hintergrund eines starken Mittelstandes sieht auch der Stufenplan des Bundes die Einforderung von herstellerneutralen Datenformaten (IFC, OKSTRA) verpflichtend für den öffentlichen Auftraggeber vor.

Die BIM-Ziele mit den relevanten BIM-Anwendungen sowie die Anforderung an den offenen Datenaustausch bilden nun die Grundlage für die Erstellung der AIA. Die folgende Beschreibung eines Projektaufsatzes ist idealisiert und in Anlehnung in unserem Praxisbeispiel durchgeführt worden, da von der Auftraggeberseite keine explizite Forderung Bestandteil der Vergabe war.

Auftraggeber-Informations-Anforderung (AIA)

Zur Definition der AIA sind vorab die Informationsbedarfe auf Unternehmensebene und auf Projektebene zu ermitteln, sodass die Datenbestellung auch maßgeschneidert ist!

Das Dokument einer AIA setzt sich mit Informationsanforderungen auf Organisationsebene (OIA) in Form von Visionen, Missionen oder Zieldefinitionen sowie Informationsanforderungen auf Liegenschaftsebene (AIR), also auf der Mikroebene der zukünftigen Bestandsdaten, und Projekt-Informationsanforderungen (PIR), welche die Informationsbedarfe während der Planungs- und Bauphasen beschreiben, auseinander.

Auf Organisationsebene sollten zunächst auf Auftraggeberseite übergeordnete, strategische Informationsbedarfe beschrieben sein. Was macht z. B. mehrere Objekte in einem Portfolio vergleichbar? Das sind beispielhaft KPI für Performance wie Rendite, Nachhaltigkeit oder Bauzustandskriterien. Insbesondere in der Bewirtschaftung und im Portfoliomanagement sind diese Merkmale von Relevanz. Auch sollten die organisatorischen Grundlagen für ein Projekt beschrieben werden, also welche Rollen sollen vorhanden sein, welche Anforderungen bestehen grundsätzlich im Unternehmen an die Datenhaltung.

Die AIR beschreiben die Informationsanforderungen an den Mikrostandort, also an die Liegenschaft, und stellen den Mindestinformationsbedarf für den Betrieb, der für die Wahrnehmung der Betreiberverantwortung, für eine anforderungsgemäße Instandhaltung sowie eine Budgetierung bzw. Angebotskalkulation elementar ist (Stammdaten und Bestandsdaten). Der Mindestinformationsbedarf beinhaltet beispielsweise technische, juristische, kaufmännische sowie finanzielle Informationen, welche in Zielsystemen wie ERP oder CAFM-Systemen mit Prozessdaten zusammengeführt werden. Dazu fragen Sie sich bitte, welche Daten heute schon zu einem Bestandsobjekt gehalten werden. Ein zukünftiges BIM-Projekt sollte mindestens diese Anforderungen der Bewirtschaftung aus dem Bauwerksinformationsmodell bedienen. Das bedeutet, nach dem Planen und Bauen sollten mindestens diese Informationen ohne Mehraufwand erzeugt worden sein.

Wenn Sie als Auftraggeber mehrfach die Anwendung der BIM-Methode forcieren, sollten Sie eine unternehmens-/kommunenspezifische Vorlage für die AIA entwickeln. Projektspezifisch werden nun die Mindestanforderungen aus dem Betrieb (AIR) aufgegriffen und zu AIA durch den strategischen Informationsmanager (Projektleiter/-manager) geführt. Die Rollen werden im weiteren Verlauf dezidiert beschrieben. Zusammengefasst bedeutet das:

- Organisatorische Informationsanforderungen OIA informieren die Projekt-Informationsanforderungen PIA
- Liegenschafts(Asset)-Informationsanforderungen AIR informieren die Auftraggeber-Informationsanforderungen AIA und beschreiben die Bedarfe des Liegenschafts(Asset)-Informationsmodells AIM
- Projekt-Informationsanforderungen PIA generieren die (Austausch- bzw.) Auftraggeber-Informationsanforderungen AIA und beschreiben die Bedarfe des Projekt-Informationsmodells PIM
- Auftraggeber-Informationsanforderungen AIA sind immer projektspezifisch

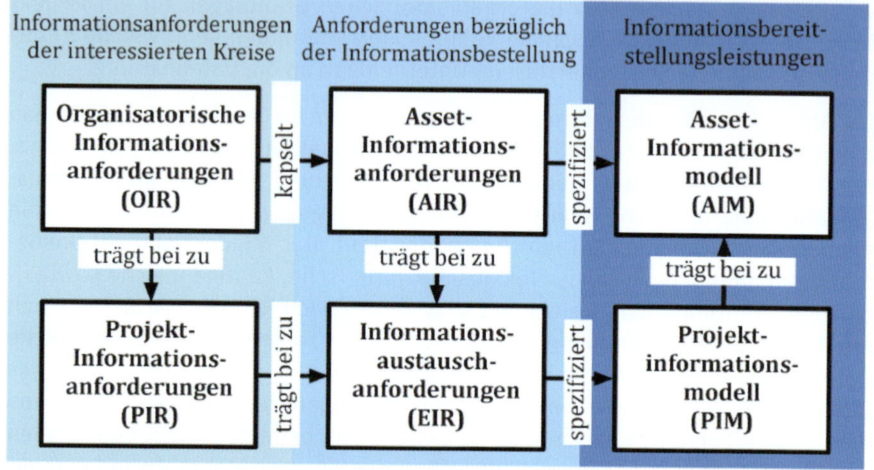

Quelle: DIN EN ISO 19650-1

Bild 10: Informationshierarchie und Dokumenationsstufen der Anforderungen

Auch im Referenzprozess nach dem Stufenplan des BMVI wird unterstellt, dass der Auftraggeber zuerst eine Auftraggeber-Informationsanforderung erstellt (standardisiert nach VDI 2552 Blatt 10). International entspricht dies den Exchange Information Requirements (EIR) gemäß DIN EN ISO 19650-1. Wann werden welche Informationen in welcher Detailtiefe und in welchem Format gefordert? Dabei soll die Ineffizienz vermieden werden, nicht sinnvolle Daten erheben zu lassen – ganz im Lean-Sinne. Inhaltlich, auf die Planungs- und Bauaufgabe bezogen, ist die Bedarfsermittlung bereits in DIN 18205 berücksichtigt und von den AIA strikt abzugrenzen. Insbesondere die Bereiche Daten, Prozesse und Qualifikationen sind im Vorfeld eines Projektes genauer zu beschreiben und unter anderem Inhalt von AIA. Zusätzlich folgt eine detaillierte Anforderungsbeschreibung der Informationen, welche in Form eines Lastenheftes formuliert werden und auch für die Beschaffung von Planungs- und Bauleistungen oder als Grundlage für die BIM-BVB (besondere Vertragsbedingungen zur BIM-Nutzung im Werkvertrag) herangezogen werden können. Ergänzende Dokumente können eine Modellierungsrichtlinie inklusive einer Bauteil-Element-Matrix zur Regelung des LoIN sein.

Die AIA sind immer projektspezifisch und Bestandteil der Vergabeunterlagen. Immer dann, wenn ein Auftraggeber-Auftragnehmer-Verhältnis besteht, sollten AIA die Qualität der Informationslieferung beschreiben. Das bedeutet: Zunächst erstellt der Bauherr die AIA. Erfolgt die Vergabe an einen Generalplaner, Generalunternehmer oder Totalübernehmer, wird dieser für seine Vergaben an seine Subunternehmer oder Abteilungen eigene AIA erstellen (also für Fachplaner, Bauausführende etc.). Diese entsprechen mindestens den Anforderungen des Bauherrn und dürfen nicht im Widerspruch zu den ursprünglichen AIA stehen.

Inhaltlich gehören insbesondere Angaben, wann, in welcher Detailtiefe und in welchem Format die angeforderten Daten geliefert werden sollen, in die AIA, damit der Auftraggeber auf Grundlage dieser Daten gegebenenfalls notwendige Entscheidungen fällen kann. Die angeforderten Daten sollten nicht nur die geometrischen Informationen, sondern auch weitere für ihn relevante Bauwerks- beziehungsweise Bauteilattribute wie eingesetzte Baustoffe mitsamt deren Eigenschaften (z. B. Wärmedurchlässigkeit, Schallschutzeigenschaften oder der ökologische Fußabdruck) zu bestimmten Leistungsphasen oder Project Gates an Datenlieferpunkten (Datadrops) umfassen. Der Auftraggeber kann darüber hinaus festlegen, dass auch die Art der Leistungserbringung wie die digitalen Beschreibungen des Bauprozesses und die detailgenaue Aufgliederung der Kosten (5-D-Modell) im Liefersoll enthalten sein müssen. Dabei sollte der Grundsatz der Methodenfreiheit jedoch gewahrt bleiben. Deswegen kann auch die genaue Beschreibung des Liefergegenstandes der Daten die Beschreibung des Weges der Leistungserbringung im Sinne der Diskriminierungsfreiheit ersetzen. Bei der Erstellung der AIA ist mit dem späteren Nutzer bzw. Betreiber des Bauwerkes eng zusammenzuarbeiten, um eine ganzheitliche Informationsbetrachtung und Prognose über den gesamten Lebenszyklus eines Bauwerks führen zu können. Sollte dieser noch nicht bekannt sein, müssen Annahmen getroffen werden. Alle zu erbringenden Leistungen sind auf Grundlage des 3-D-fachmodellbasierten Arbeitens in digitaler Form zu liefern (z. B. Bauwerks- und Bauablaufpläne, Unterlagen für die Betriebsphase). Sofern weiterhin 2-D-Pläne erstellt werden, müssen diese aus 3-D-Modellen, die dem Auftraggeber zur Verfügung zu stellen sind, abgeleitet werden. Der Grundsatz der Planung durch getrennte Fachbereiche bleibt durch das Arbeiten in den jeweiligen Fachmodellen erhalten. Die Fachmodelle sind in einem Koordinierungsmodell zusammenzuführen und auf Konsistenz zu überprüfen.

Weiterhin sind die gelieferten Daten der Auftragnehmer auf Übereinstimmung mit den AIA zu prüfen. Diese Form des Qualitätsmanagements soll auch auf der Auftragnehmerseite zur Eigenvalidierung und Qualitätsverbesserung beitragen. Die zuvor benannten Auftraggeber-Informationsanforderungen definieren also für den Auftraggeber ein zu erwartendes Leistungssoll der Informationslieferung und sind zugleich Bewertungsgrundlage der Aufwände auf Seite der Planer und Bauausführenden.

Bei den zuvor beschriebenen Leistungen wird der AG durch das strategische und operative Informationsmanagement unterstützt. Die Lagerung des Informationsmanagements variiert in Projekten und Unternehmen noch sehr stark. Die einzelnen Rollen werden in Kapitel 8 dezidiert beschrieben. So ist es durchaus möglich, dass bei privatwirtschaftlichen Unternehmen das strategische Informationsmanagement auch das operative Informationsmanagement (BIM-Management) verantwortet. Eine andere Variante ist die bewusste Trennung, um eine weitere Controlling- und Steuerungsfunktion zu installieren, sodass das strategische Informationsmanagement beim Auftraggeber ansetzt und das operative Informationsmanagement bei AG und beim Einsatz von Generalplanern und Generalübernehmern beim AN liegt. Dieses wird im Projektverlauf die Erfüllung der AIA projektsteuerungsähnlich überwachen. Die Trennung macht vor allem deswegen Sinn, weil auf diese Weise auch eine Überproduktion von Informationen und deren Prüfung als Geschäftszweck vermieden werden kann.

Leider ist momentan eine Tendenz zu erkennen, die noch fehlende Professionalisierung der Bauherren zugunsten neuer Steuerungsleistungen und zur Erfindung immer weiterer Stabsstellen auszunutzen. Wenn so das Informationsmanagement komplett, d. h. ohne Unterteilung in strategisch und operativ, angefragt wird, kann dieses am Anfang des Projektes den Steuerungsaufwand selbst bestimmen. Das dient meist den ureigenen wirtschaftlichen Interessen und bewirkt keine besonders gute Projektsteuerung. Wird die Leistung des BIM-Managements im Rahmen der AIA beschrieben und abgegrenzt, kann eine maßstäbliche, sinnhafte Umfänglichkeit dieser Leistungen definiert und im Projekt überwacht werden.

Im Referenzprozess des Bundes werden die nächsten Schritte wie folgt beschrieben: Im Anschluss an die Benennung des Informationsmanagements erfolgt die Mobilisierung des Planerteams und im weiteren Verlauf des Bauausführenden. Dabei unterstützt das strategische Informationsmanagement auch bei der Teamauswahl. Bei der Ausschreibung der Planungs- und Bauleistungen wird zum üblichen Kompetenznachweis (Projektreferenz, Leistungsfähigkeit, Bürostandards, z. B. ISO 9000/9001, sowie Qualifikation/Zertifizierung, z. B. bS/VDI Professional Certification) auch der Nachweis zur Erfüllung der AIA über die Vorlage des Pflichtenheftes in Form eines BAP abgefragt. Wie bereits beschrieben hat sich in der Praxis der Einsatz eines vorvertraglichen BAP etabliert, um im Rahmen der Kompetenzabfrage vergleichbare Ergebnisse strukturiert zurückzuerhalten. Darin wird das Planer- oder Bauteam beschreiben, wie es die Anforderungen aus den AIA zu erfüllen gedenkt und mit welchen Anwendungen die Ziele erreicht werden sollen. Das Dokument sieht Formularfelder zur Bestückung durch den AN vor. Anschließend werden die Leistungen gemäß den Leistungsphasen der HOAI/AHO erbracht. Eine erneute Kompetenzabfrage entsprechend dem zuvor beschriebenen Prozedere erfolgt vor der Vergabe an einen Generalunternehmer, um auch während der Bauphase die BIM-Anwendungen sicherzustellen. An vorher festgelegten Datenübergabepunkten werden dem Auftraggeber die relevanten Informationen übergeben, geprüft gegen die AIA. Der abschließende Datenübergabepunkt ist die Bereitstellung des „As-built Modell" nach der Leistungsphase 8. Ab diesem Zeitpunkt stehen Daten für den Betrieb des Bauwerks (Bestandsdaten) bereit. Das Vorhandensein der Datenübergabepunkte als Meilensteinsystem ermöglicht es dem gesamten Projektteam darüber hinaus, beispielsweise bei Umplanungen an einen zuvor freigegebenen Meilenstein zurückzukehren, um auch den Leistungsumfang der Änderung zu bemessen. Dabei ist nicht jeder Datenübergabepunkt für den Auftraggeber relevant. Die Datenübergabepunkte (Data Drops) sollen dabei unbedingt die Entscheidungen des Auftraggebers unterstützen und in Bezug auf ihre Zielsysteme auf die Maschinenlesbarkeit entsprechend den Lieferbedingungen beschrieben sein. Einblick in AIA und BAP erhalten Sie beispielsweise auch im BIM-Mittelstandsleitfaden:

BIM-Abwicklungsplan (BAP) – BIM-Ziele – BIM-Anwendungen

Der BIM-Abwicklungsplan (BAP) ist der Fahrplan eines jeden BIM-Projektes. Er reflektiert in einem konkreten Projekt die Ziele (gem. AIA), die organisatorischen Strukturen, die Verantwortlichkeiten in der BIM-Anwendung sowie die technischen Absprachen. Er setzt den Rahmen für das „Was, Wie, Wann und In welcher Qualität", also die Anforderungen an das Informationsmanagement im Projekt:

- „Was": vereinbarte BIM-Ziele und die daraus abgeleiteten BIM-Anwendungen,
- „Wie": die BIM-Leistungsbilder mit den definierten Rollen für die BIM-Anwendungen,
- „Wann": BIM-Leistungen im definierten Fertigstellungsgrad der Bauwerksinformationsmodelle, die zu einer bestimmten Leistungsphase und für einen darauf aufbauenden Prozess vorliegen müssen,

- „In welcher Qualität": die BIM-Qualitätssicherung mit den Prüfschritten und den vorgegebenen technischen Absprachen zu Software, Schnittstellen und Modellierungsvorschriften.

Schon zu Beginn der BIM-Nutzung wird also der BIM-Abwicklungsplan festgelegt. Er spiegelt die BIM-Anforderungen des Auftraggebers wider und sollte der allgemeinen, antizipierten BIM-Erfahrung der am Projekt Beteiligten angemessen sein. Während des Projektes wird der BAP fortgeschrieben (entgegen den AIA, die nicht verändert werden!) und eine aktuelle Version sollte wenigstens zu Beginn der folgenden Leistungsphase vom Auftraggeber veranlasst oder ihm zur Abstimmung vorgelegt werden. Hierfür ist der mit der BIM-Management-Rolle beauftragte Projektteilnehmer verantwortlich.

Der BIM-Abwicklungsplan fördert in seiner Anwendung die Zusammenarbeit zwischen den Beteiligten und erhöht die Transparenz für den Auftraggeber und die beauftragten Planer und Bauausführenden. Bei einem Personalwechsel oder einer Projektunterbrechung sorgt die klar festgehaltene Dokumentation der BIM-Anwendung im Projekt für Kontinuität.

Die Ableitung der Anwendungsfälle auf den feststehenden BIM-Zielen aus den AIA (wenn nicht durch den AG bestenfalls bereits festgelegt) sollte der erste Schritt im Projektfahrplan sein. Für Ihre ersten Projekte sollten Sie aber bitte realistische Ziele vereinbaren, die auch erreicht werden können. Und bitte machen Sie nichts nur der Technik wegen! An dieser Stelle nochmals mein Aufruf zum smartBIM:

„So viel BIM wie nötig, so wenig BIM wie möglich!"

Am Anfang des Projektes wird auch das Meilensteinsystem festgelegt, das mit Projektgates in den Abschnitten der Projektsteuerung und mit Datenübergabepunkten an den Meilensteinen eine Managementstruktur festlegt. Nun folgt der Prozess den verschiedenen Leistungsphasen, wobei die Anzahl der grafischen Informationen, der nicht-grafischen Informationen und der Dokumente mit dem Projektverlauf stetig steigt. Dezidiert werden BIM-Anwendungen in VDI 2552 Blatt 7 beschrieben oder am Beispiel unseres Fokusprojektes Hallenbad Werdohls in Kapitel 8 und 10.

BIM-Projektsetup

Zusammenfassend besteht ein Projektsetup also aus einer BIM-Strategie, die die BIM-Ziele für das Projekt beschreibt und dabei die organisatorischen übergeordneten Ziele und projektspezifischen Ziele berücksichtigt. In der BIM-Strategie sollten auch die entsprechenden notwendigen BIM-Anwendungen unter Betrachtung der Aufwände enthalten sein. Dazu sind die Auftraggeber-Informationsanforderungen AIA auf Basis der organisatorischen Informationsanforderungen OIA und der Liegenschafts(Asset)-Informationsanforderungen AIR sowie der Projekt-Informationsanforderungen PIA zu definieren. Hierfür sollten auch bauteilbasiert Anforderungen an den Modellierungsgrad Level of Information Need LoIN in der jeweiligen Leistungsphase beschrieben sein (LoIN = LOG + LOI sind projektspezifisch je nach Anwendungsfällen festzulegen). Ergänzend kann ein vorläufiger BIM-Abwicklungsplan aufgestellt werden, um direkt Verantwortlichkeiten, Rollen etc. zu manifestieren. Kleineren Projekten obliegt eine maßstäbliche Interpretation dieser Herangehensweise.

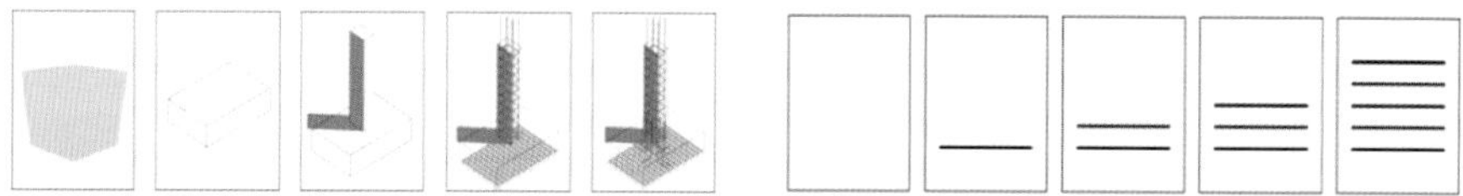

Quelle: AEC3/DEUBIM

Bild 11: Level of Information Need

Welche Anwendungen für den Projekterfolg in Werdohl dienlich waren und welche Erkenntnisse zur Zusammenarbeit und zum Erreichen der Ziele wir gewonnen haben, erfahren Sie von der Ausschreibung bis zur Inbetriebnahme in den weiteren Kapiteln.

8 Planen mit BIM

Ein Modell sagt mehr als tausend Worte!

Sicherlich haben Sie schon davon gehört, dass der große Mehrwert der BIM-Methode im Betrieb erreicht werden kann. Patrick MacLeamy, einer der renommiertesten BIM-Experten weltweit und Ehrenvorsitzender von buildingSMART International, hat mit seinem Mega-Akronym BIM-BAM-BOOM hier Mehrwert und Kostenauswirkungen in Bezug gesetzt.

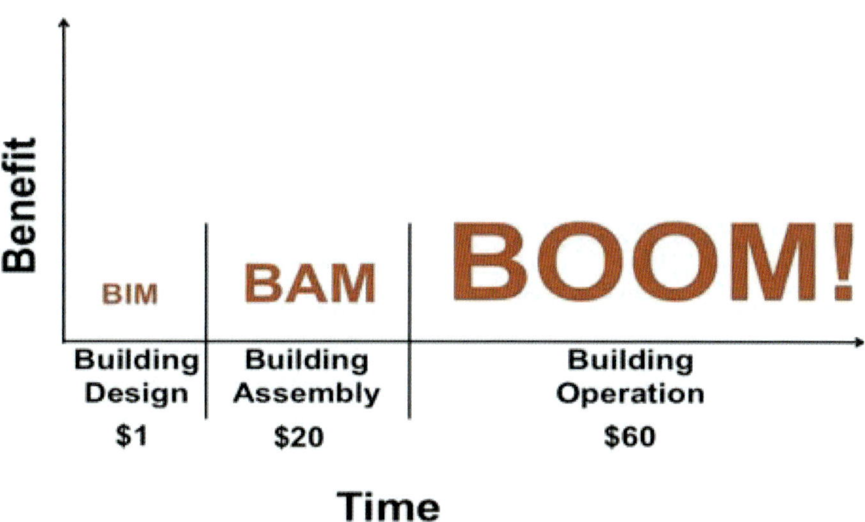

Quelle: Patrick MacLeamy HOK)

Bild 11: Kostenverteilung im Lebenszyklus

Nun könnte man daraufhin meinen: Warum sollte man sich jetzt in der Planung anstrengen – die Auswirkungen sind doch zu vernachlässigen. Und da sagt uns nun aber das Lean Thinking, dass wirklich jeder Prozess entmüllt werden muss. Und gerade in der Planung wird die Grundlage für den digitalen Zwilling geschaffen, welcher uns den gesamten Lebenszyklus begleiten soll. Außerdem können sich die Fehler in der Planung böse auf der Baustelle in Bezug auf Kosten und Zeiten auswirken. Schlimmer noch, eine schlechte Entscheidung in der Planungsphase muss oft Jahrzehnte im Betrieb des Gebäudes ausgebügelt werden. Dabei ist es leider meist nicht eine schlechte Entscheidung, sondern die mangelhafte Entscheidungsgrundlage. Aus diesem Grund muss auch bereits die Planungsphase auf den Prüfstand der Prozessoptimierung und in den Transformationsfokus der Digitalisierung.

DAS NEUE BAUEN verlangt von allen Beteiligten immer und überall ein Miteinander. Jeder Beteiligte hat einen Wert für das Projekt und nur die koordinierte Addition der vielen Beiträge ermöglicht den Projekterfolg. Daher leisten die Architekten, Ingenieure und Sonderfachleute einen erheblichen Beitrag zum Projekt. Doch wie sieht denn dieses Miteinander in der Planungsphase aus und wie ist die Verzahnung mit dem Bauen gegeben?

Planungs-Kick-off, BIM-Kick-off und Rollen des Informationsmanagements in der Planung

Mit der freudigen Nachricht der Beauftragung der Totalübernehmerschaft für unser Projekt Hallenbad Werdohl wurde sofort ein Planungs-Kick-off durch den Generalunternehmer organisiert. Nun zahlte sich die detaillierte Vorarbeit aus, sodass die Entwurfsplanung kurzfristig fertiggestellt werden konnte. Der Bauantrag wurde bereits im September 2018 eingereicht. Mit dem Beschluss des Generalunternehmers, dass alle Beteiligte und auch die Nachunternehmer mit der BIM-Methode weiterverfahren sollen, wurde ein BIM-Kick-off als Online-Meeting zur Besprechung der BIM-Anwendungen, Schnittstellen, Rollen und Nutzung des CDE sowie die Beachtung des BIM-Protokolls durchgeführt. Allen Beteiligten war nun unabhängig von der baulichen Aufgabe noch einmal vor Augen geführt, welche Informationen zu erarbeiten sind.

Die wesentlichen Rollen des Informationsmanagements für die Umsetzung der Methode BIM im Projekt „Hallenbad Werdohl" waren:

- Strategisches Informationsmanagement (stellvertretend auf der AN-Seite, sonst auf kommunaler AG-Seite)
- Operatives Informationsmanagement (stellvertretend auf der AN-Seite, sonst auf kommunaler AG-Seite, oder externes BIM-Management)
- BIM – Gesamtkoordinator
- BIM – Koordinatoren
- BIM – Autoren
- BIM – Nutzer

Diese waren als Ergänzung des bisherigen Rollenverständnisses von Bauherren, Planern, Generalunternehmer, Bauausführenden und Sonderfachleuten zu verstehen. Die Planungsverantwortung verblieb weiterhin bei den Fachplanern und die Planungskoordinationsaufgabe in den Händen des Architekten. Der Generalunternehmer erfüllte seine steuernde Auftraggeberrolle gegenüber den Subunternehmern zusätzlich in Bezug auf das digitale Planen und Bauen. Die Leistungsbilder und Verantwortlichkeiten im Informationsmanagement sind wie folgt zu verstehen:

Informations-*Management (strategisch und operativ):*

In seiner Funktion übernimmt das Informationsmanagement in einem Projekt in der Regel die fach- und projektbezogene Konzeptionierung des Themas BIM aus betrieblicher, baulicher, technischer und organisatorischer Sicht aller Projektmaßnahmen. Somit verantwortet es ebenfalls die dafür erforderliche Abstimmung im Rahmen der Umsetzung des Themas BIM zwischen den Projektbeteiligten sowie die Erstellung der erforderlichen konzeptionell notwendigen Rahmenbedingungen und Dokumente, wie BIM-Strategie, Gestaltung Vergabeverfahren, AIA (oder eben ein BIM Protocol) und vorvertragliche BAP. Auch die Auswahl und Beschaffung einer einheitlichen Datenumgebung CDE liegt in diesem Aufgabenbereich. Im weiteren operativen Verlauf ist es zuständig für die Definition, Umsetzung, Kontrolle und Dokumentation der BIM-Anwendungen und Aufgaben in der Projektumsetzung.

In vielen Projekten und Handreichungen wird der Aufgabenbereich des Informationsmanagements in die Bereiche strategisches Informationsmanagement und operatives Informationsmanagement aufgeteilt. Während das strategische Informationsmanagement sein Tätigkeitsfeld insbesondere in der konzeptionellen Entwicklung und dem strukturellen Aufsetzen der BIM-Prozesse hat, übernimmt das operative Informationsmanagement vorwiegend aktiv steuernde Aufgaben in der kommunalen Datenhaltung sowie in der Umsetzung und Überprüfung projektspezifischer Daten. In unserem Projekt oblagen das strategische, operativen Informationsmanagement und das folgende BIM-Management dem Generalunternehmer, da aufseiten des Auftraggebers keine Erfahrung vorhanden war und keine dezidierte BIM-Anforderung beschrieben war. Für den öffentlichen Auftraggeber wird zukünftig empfohlen, diese Rollen des Informationsmanagements in der kommunalen Verwaltung vorzusehen.

BIM-*Management*

Projektspezifisch wird im Planungs- und Bauprojekt der Informationshaushalt gegen die Datenlieferbestimmungen AIA überprüft. Das BIM-Management ist auch für die Freigaben der Datenmodelle an den Datenübergabepunkten zuständig. Diese Rolle wird oft auch als projektsteuerungsähnliche Leistung zur Unterstützung des AG extern ausgeschrieben.

BIM-*Gesamtkoordination*

*Als zentraler BIM-Ansprechpartner*in für alle Fachplaner, Bauausführenden und Sonderfachleute mit direkter Verbindung zum BIM-Management ist die BIM-Gesamtkoordination verantwortlich für die Koordination aller Fachbereiche bezüglich BIM und somit für die Prüfung, Betreuung und Koordinierung der generierten Datenmodelle. Ihre Aufgabe beinhaltet die konkrete Umsetzung der BIM-Vereinbarungen ebenso wie die Mitarbeit bei der Erstellung, Weiterentwicklung und Optimierung von Prozessen und Standards. Diese Stabsstelle wurde im Projekt durch die Architekten übernommen. Der Gesamtkoordinator war hier im Projekt nicht der gleichzeitig der Projektleiter der Objektplanung, da das Leistungsbild der Koordination die Ressource der Projektleitung zu stark eingeschränkt hätte. Eine Zusammenarbeit hat jedoch sehr intensiv stattgefunden.*

BIM-*Koordination*

Während die BIM-Gesamtkoordination als zentraler Ansprechpartner zu verstehen ist, ist die Rolle der BIM-Koordination den jeweiligen Fachplanern und Disziplinen zugeordnet. Die BIM-Koordination ist somit in Bezug auf ihre Fachdisziplin verantwortlich für die Umsetzung des BAP. Sie prüft die Erstellung und die Weitergabe der Fachmodelle der einzelnen Fachdisziplinen bei Aus- und Eingang. Ein separater Koordinator der Architektur war in unserem Projekt aufgrund der Projektgröße nicht installiert, sondern die Leistung wurde vom Gesamtkoordinator mit erbracht.

BIM-*Autor*in*

*Der/die BIM-Autor*in mit direkter Verbindung zur BIM-Koordination übernimmt die Bearbeitung und Erzeugung von Informationen über den gesamten Lebenszyklus eines Bauwerks unter Berücksichtigung der vertraglichen Vereinbarungen und der Berücksichtigung von BIM-Standards. In diesen Aufgabenbereich fällt abhängig von der Planungsaufgabe im Projekt die Erstellung der BIM-Fachmodelle für die eigenen Planungsaufgaben.*

Die Erstellung der für die BIM-Koordination erforderlichen Exportdateien, eine adäquate Filterung des Inhalts sowie die Übernahme der Planung anderer in die eigene BIM-Softwareumgebung über Referenzmodelle erfolgt im Projekt ebenfalls über den BIM-Autor der jeweiligen Fachplanung.

BIM-*Nutzer*in:*

*Der/die BIM-Nutzer*in tritt als Verwender der im BIM-Projekt entstandenen Daten auf. Hierunter fallen beispielsweise Akteure wie Vertreter des Bauherrn* *oder Sonderfachleute, die lediglich lesenden Zugang zu ausgewählten BIM-Modellen erhalten.*

Im Projekt Werdohl gehörten der Bauherr sowie die zukünftigen Nutzer wie auch genehmigende Stabstellen im Rahmen der Trägerbeteiligung zu dieser Rolle.

Neben der notwendigen Regelung der Zuständigkeiten empfiehlt sich insbesondere die Vorgabe der speziellen BIM-Rollen durch den Bauherrn bereits in den AIA. Hiermit werden gleichzeitig spezifische Anforderungen an die Qualifikation der Auftragnehmer formuliert, die zukünftig auch über entsprechende Kompetenznachweise, beispielsweise nach der VDI/buildingSMART Richtlinie 2552 Blatt 8, erbracht werden können. Seitens der Architektur waren die Mitarbeiter nach dem VDI/buildingSMART Professional Certification Foundations Programm zertifiziert.

Die BIM-Anwendungsfälle in der Planung

Während der gesamten Projektlaufzeit wurden unterschiedliche BIM-Anwendungen durchgeführt. Die Zuweisung der Anwendungen steht in Abhängigkeit mit dem Kundenwert. In Sinne des Lean Managements ist jeder Anwendungsfall in Bezug auf die Wertschaffung zu überprüfen. Zu jedem Fall soll geklärt sein, WER auf Basis von WAS WANN, WIE, WONACH, WAS liefert!

Das BIM-Institut der Bergischen Universität Wuppertal beschreibt dazu die einzelnen Prozessanforderungen wie folgt:

„BIM-Prozessanforderungen beschreiben die Rahmenbedingungen eines technischen Prozesses und definieren notwendige Informationsanforderungen an einen BIM-Teilprozess. Die einzelnen BIM-Prozessanforderungen schlüsseln sich wie folgt auf:

- Definition des Prozessverantwortlichen (Wer?),
- Definition der Input-Informationsaustauschanforderungen (Was? [Input]),
- Definition des Informationslieferzeitpunktes (Wann?),
- Definition der Informationsaustauschmethode (Wie?),
- Definition der Informationsaustauschvorgaben (Wonach?) sowie
- Definition der Output-Informationsaustauschanforderungen (Was? [Output]).

Durch das Beantworten der BIM-Prozessanforderungen wird ein sauberes und transparentes Informationsmanagement ermöglicht. Die jeweiligen BIM-Prozessanforderungen ergeben sich aus dem zugeordneten technischen Prozess; das Füllen der Prozessanforderung erfolgt über die Inhalte des fachlichen Prozesses.“ Quelle: Leitfaden zur Strukturierung und Aufbau von BIM-Anwendungen Bergische Universität Wuppertal, BIM-Institut.

Wir schauen uns nun explizit die einzelnen Anwendungen an und resümieren in Bezug auf das Projekt und den Kundenwert. Zunächst eine Übersicht aller BIM-Anwendungen im Projekt:

ID	Potenzielle BIM-Anwendung je HOAI Leistungsphase	Angebot	2	3	4	5	6	7	8	HOAI Grund-leistung
1	Machbarkeitsstudien für Neubauten	X	X							X
2	Objekt- und Fachplanung	X	X	X	X	X	X	X	X	X
3	Visualisierung der Objekt- und Fachplanung	X	X	X		X	X		X	X
4	Planungsvariantenvergleich	X	X	X		X	X		X	X
5	Erzeugen von Plänen und Listen für Vorentwurf, Entwurf, Genehmigung und Ausführung zur Abstimmung und Freigabe	X	X	X	X	X	X		X	X
6	Koordination und Integration der Planung (Objekt- und Fachplanung)	X	X	X		X			X	X
7	Bemessung und Nachweisführung	X	X	X	X	X			X	X
8	Fortschrittskontrolle der Planung	X	X	X		X				
9	Plausibilitätsprüfung von Mengen und Massen in der Planung	X	X	X		X	X		X	X
10	Kostenmanagement nach DIN 276	X	X	X		X	X	X	X	
11	Erstellung von Leistungsverzeichnissen für die Ausschreibung der Bauausführung						X			(X)
12	Angebotskalkulation der Bauausführung	X								
13	Abrechnung von Bauleistungen								X	
14	Terminplanung der Ausführung/Logistikkonzept	X	X	X		X	X		X	
15	Änderungsnachverfolgung						X	X	X	

ID	Potenzielle BIM-Anwendung je HOAI Leistungsphase	Angebot	2	3	4	5	6	7	8	HOAI Grund-leistung
16	Herleiten und Einpflegen einer FM-Attribuierung in das Modell					X			X	
17	Bauwerksdokumentation								X	

Der folgende Teil liefert Ihnen einen Überblick über die tatsächliche Umsetzung der in den AIA definierten und im BAP vertieften BIM-Ziele und Anwendungsfälle im Projekt Werdohl und die daraus gewonnenen Erkenntnisse. Um den Mehrwert für den kommunalen Auftraggeber (Kundenwert) einschätzen zu können, erfolgt auf Grundlage der im BAP definierten BIM-Ziele (Mehrwert) eine ausführliche Erläuterung ihrer Einordnung, Umsetzung und Anforderungen sowie eine abschließende Einschätzung, inwieweit die gesetzten BIM-Ziele in der Praxis tatsächlich erreicht wurden und ob die Anwendung damit für das Projekt wertschöpfend war.

BIM-Ziel (Mehrwert)	Verlässliche Informations- und Datengrundlage
BIM-Anwendung	• Machbarkeitsstudie für Neubauten • Objekt- und Fachplanung
Technischer Prozess	Erstellen Bauwerksinformationsmodelle: • Machbarkeitsstudienmodell • Grundlagenmodell • Entwurfsplanungsmodell • Ausführungsplanungsmodell • TA-Modell inklusive Badewassertechnik • Tragwerksmodell • Schall- und Bewehrungsmodell • Werk- und Montageplanungsmodelle (Stahlbau, Badewassertechnik, Lüftung, Betonfertigteile)
Verant-wortlichkeiten	BIM-Autoren Objektplaner, TA-Planer, Tragwerksplaner, Generalunternehmer, Nachunternehmer

BIM-Ziel (Mehrwert)	Verlässliche Informations- und Datengrundlage
Technische Umsetzung	Bereits in der Angebotsphase wurde mit einem 3-D-Architekturmodell in der CAD-Autorensoftware ARCHICAD gearbeitet und zunächst ein Bauwerksinformationsmodell zur Machbarkeitsstudie erstellt. Dabei standen die optimale Gestaltung und Funktionalität im Vordergrund. Auch ist die Baukörperstudie in Bezug auf die städtebauliche Positionierung und Sichtachsen entwickelt worden. Hier halfen uns unsere eigenen Bauteilbibliotheken, in denen wir z. B. unsere Beckenkörper für 4, 5, 6 Bahnen-25m-Becken mit und ohne Hubboden, mit Wiesbadener und modifizierte finnischer Rinne in Ausführungsqualität angelegt hatten, nebst den Beckenumgangsbreiten nach der Bäderbaurichtlinie KOK und der DIN für Sportstätten. Auf Basis der Machbarkeitsstudie wurde eine Grundlagendatei mit Topografie, Achsraster, Geschossigkeit sowie Einfügepunkt in Form eines Würfels auf der x,y,z-Koordinate 0,0,0 und Liegenschaftsinformationen im IFC-Format für alle Beteiligten bereitgestellt. In der technischen Gebäudeausrüstung wurde darauf referenziert das Fachmodell in der CAD-Autorensoftware PLANCAL NOVA aufgesetzt und auch (z. B. über die Räume der Architektur) für die Berechnung herangezogen. Die Tragwerksplanung nutzte für das eigene Fachmodell wie auch für die Schal- und Bewehrungsplanung die CAD-Autorensoftware ALLPLAN. Der Generalunternehmer nutzte ebenfalls die Autorensoftware ARCHICAD, um auch z. B. nicht vorhandene Nachunternehmerinformationen nachzuführen. So wurde beispielsweise ein eigenes Betonfertigteilmodell erstellt auf Basis der klassischen Werk- und Montagepläne des Nachunternehmers. Bei den Nachunternehmermodellen wurde gegen Ende der Planungsphase in folgenden Softwares gearbeitet: Fachmodell TGA Lüftung in RUKON, Fachmodell Badewassertechnik in C.A.T.S.
Daten (benötigte Merkmale, MVD)	Das Austauschformat war IFC 2x3 Coordination View, LOG & LOI gem. des Detaillierungsgrades der für die Objekt- und Fachplanung benötigten Informationen.
Rahmenbedingungen, Voraussetzung	AIA, BAP, Modellierungsrichtlinie, Grundlagenmodell

BIM-Ziel (Mehrwert)	Verlässliche Informations- und Datengrundlage
Fazit	Das fachmodellbasierte Arbeiten und die Erstellung der Bauwerksinformationsmodelle bei den eigenen Fachdisziplinen ist ein mittelstandsfördernder Beitrag, da in der gewohnten Umgebung geplant werden kann und der eigene Beitrag haftungsrechtlich abgrenzbar ist. Der openBIM-Ansatz ist in der Koordination und Kollaboration bereits heute ohne Einschränkungen möglich. Es ist jedoch für den Planungsprozess wichtig, dass mindestens die Disziplinen AEC (Architektur, TA, TWP) modellbasiert arbeiten und bereits Erfahrung mit der IFC-Schnittstelle gesammelt haben. Ein großer Mehrwert lag in der modellbasierten Zuarbeit der Nachunternehmer Filigranbeton (mithilfe des Generalunternehmers), Stahlbau, Badewassertechnik und Lüftung in Form von Werk- und Montageplanungsmodellen zur Koordination. Die diskriminierungsfreie Vergabe für den öffentlichen Auftraggeber bedingt den openBIM-Ansatz.
Wertschöpfung	Eine hohe Wertschöpfung erfolgt, jedoch erst durch konkrete Absprache im Aufsetzen des BIM-Projektes. Die Mehrfacherhebung von Daten ist dringend zu vermeiden, Schnittstellen sind zu optimieren und zunächst eine Risikobetrachtung in jedem Projekt zu führen. Die so strategisch aufgesetzte und qualitätsgesicherte sukzessive Entwicklung von Bauwerksinformationsmodellen folgt der Regel zur Vermeidung von Verschwendung durch Mehrfacherhebung, Missverständnissen, Rückfragen in den weiteren Produktionsprozessen. Die Anwendung ist Grundlage zur Nutzung der BIM-Methode und als „single source of truth“ extrem wertschaffend. Wert für das Projekt: sehr hoch

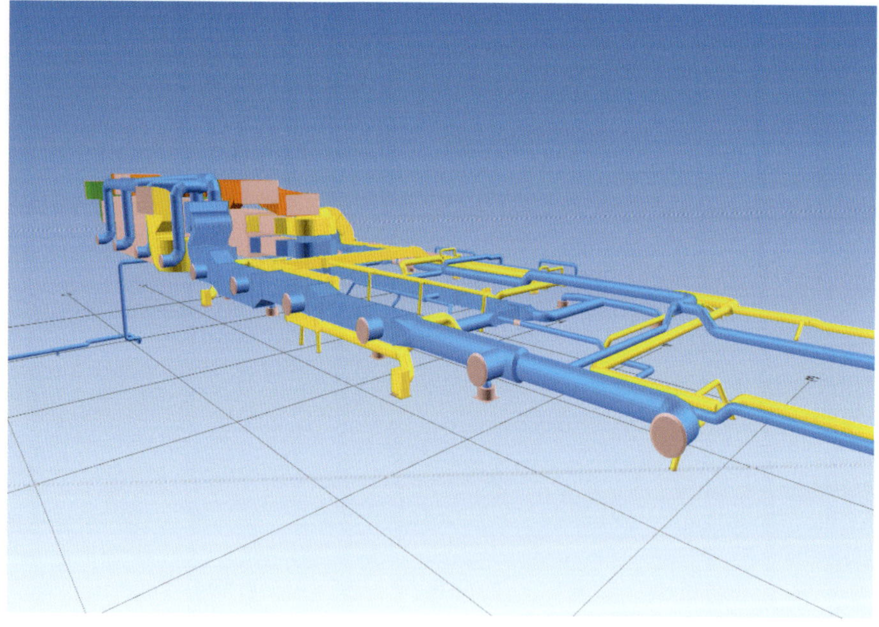

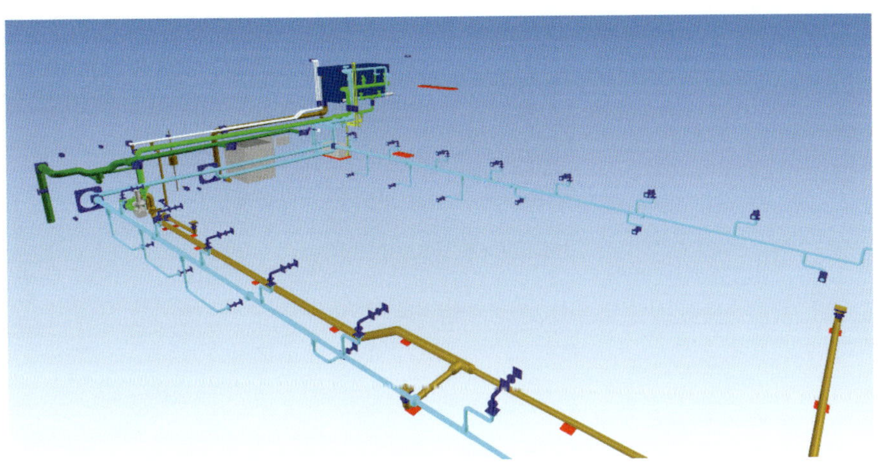

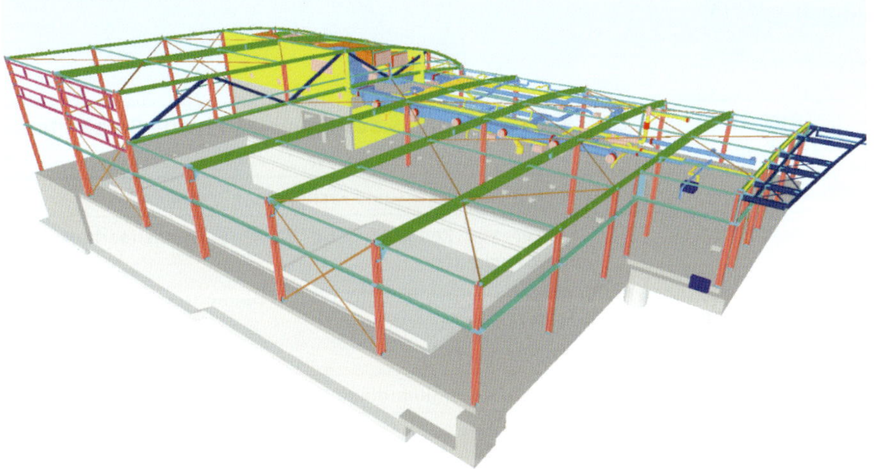

Bild 12: Bauwerksinformationsmodelle Architektur (o.l.), Nachunternehmer Lüftung (o.r.), Nachunternehmer Badewassertechnik (u.l.), Tragwerksplanung (u.r.)

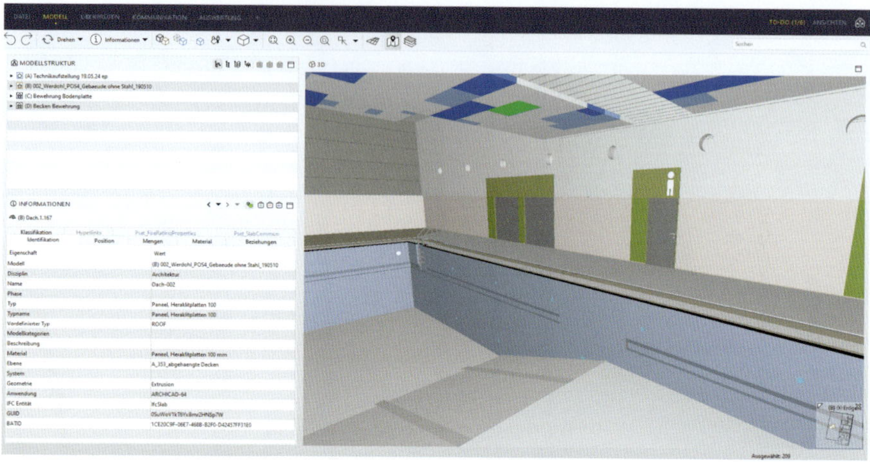

Bild 13: Informationshaushalt eines Bauteiles des Bauwerkinformationsmodells

BIM-Ziel (Mehrwert)	Besseres Verständnis des Projektes für alle Beteiligten
BIM-Anwendung	Visualisierung der Objekt-und Fachplanung
Technischer Prozess	• Erzeugen von Renderings für die Öffentlichkeitsarbeit und Trägerbeteiligung • Bereitstellung des Modells für den Bauherrn und alle Projektbeteiligten in einem Viewer • Virtual Reality (VR)
Verantwortlichkeiten	Objektplaner, Gesamtkoordinator
Technische Umsetzung	Basierend auf dem in der CAD-Autorensoftware ARCHICAD erstellten Modell wurden zunächst Renderings mithilfe der integrierten Render-Engine erstellt und zur fotorealistischen Darstellung mit Photoshop bearbeitet. Gleichzeitig wurde aus dem nativen Modell ein „Hypermodell" (BIMx) erstellt, bei dem sowohl das 3-D-Modell als auch 2-D-Pläne und Kamerapfade in einem Dateiformat gespeichert wurden. Den Screencast dazu sehen Sie hier:

BIM-Ziel (Mehrwert)	Besseres Verständnis des Projektes für alle Beteiligten
(Fortsetzung)	Ein weiteres, sehr einfaches und kostengünstiges Mittel der Präsentation des Entwurfes ist die Darstellung in Virtual Reality (VR). Dazu wurden die App BIMx im VR-Modus in der Google-Cardboard-Brille schon in der frühen Vorstellung (Angebotsphase) beim Auftraggeber genutzt, um möglichst realistisch das zu erwartende Produkt zu präsentieren. Zur Bemusterung wurden die verschiedenen Farbkonzepte modellbasiert visualisiert und mit dem Auftraggeber anhand der Simulation abgestimmt (Abbildung 14). Im weiteren Projektverlauf wurde die finale Auswahl und Planung in einem TWINMOTION-Film visualisiert und der Öffentlichkeit wie folgt präsentiert: Gerade in der Planungsphase wurde die Visualisierung auch intensiv zur virtuellen Baubegehung genutzt. Dazu haben der Projektleiter der Architektur und der BIM-Gesamtkoordinator alle 2 Wochen einen visuellen Rundgang zur Plausibilisierung durchgeführt und mit Ingenieurverstand und den technischen Möglichkeiten den Planungsstand begutachtet. Außerdem wurde zur Visualisierung auch in den Planungs- und Baubesprechungen das Koordinierungsmodell im freien SOLIBRI Modell Viewer und in BIMSYNC (im CDE integrierter Viewer) genutzt. Gerade auch zur Besprechung mit Nachunternehmern (Vorarbeiter und Ausführende) war das eine große Arbeitserleichterung.
Daten (benötigte Merkmale, MVD)	Native Daten aus den BIM-Modellen, IFC-Daten der fachlich Beteiligten mit Material- und Farbangaben, Fachmodelle
Rahmenbedingungen, Voraussetzung	Verfügbarkeit von Viewern (bitte bedenken, dass Installation von Applikationen eventuell im Widerspruch zu IT-Richtlinien einer Kommune stehen kann, dann eher browserbasierte Viewer bevorzugen), eine „Übergeometrisierung“ ist zu vermeiden. Nicht jede Schraube ist zum Verständnis relevant, daher Modellierungsrichtlinie mit definiertem LOG notwendig!

BIM-Ziel (Mehrwert)	Besseres Verständnis des Projektes für alle Beteiligten
Fazit	Das Modell hat in der Angebotsphase zur Kommunikation mit dem Auftraggeber maßgeblich beigetragen. Auch bei der Abstimmung mit der Stadt, der Trägerbeteiligung und der Beteiligung der Öffentlichkeit war durch die klare Darstellung allen Beteiligten bewusst, was geplant wurde und was zu erwarten ist. Während der Planungs- und Baubesprechungen stand das Modell in der Mitte der Kommunikation und hat zu unmissverständlichen Lösungen beigetragen. Auch war ein Abgleich der Visualisierung bei der Begehung mit dem Ist-Zustand zur Durchführung der künstlerischen Oberleitung auf der Baustelle für den Architekten von Vorteil (Abbildung 15).
Wertschöpfung	Zur Vermeidung von Missverständnissen ein einfach zu realisierender Prozess, der auch in der Kommunikation eines Lean Projektes extrem wertschöpfend ist. Wert für das Projekt: sehr hoch

Bild 14: Visualisierung zur Bemusterung

Bild 15: Visualisierung Soll-Ist-Abgleich auf der Baustelle zur künstlerischen Oberleitung Architektur

BIM-Ziel (Mehrwert)	Verlässliche Informations- und Datengrundlage
BIM-Anwendung	Erzeugen von Plänen und Listen für Vorentwurf, Entwurf, Genehmigung und Ausführung zur Abstimmung und Freigabe
Technischer Prozess	• Regelmäßige Planableitung aus den BIM-Modellen • Nutzung einer BIM-konformen Kollaborationsplattform CDE • Freigabeprozess im CDE
Verantwortlichkeiten	Objekt- und Fachplaner, Generalunternehmer, bauausführende Nachunternehmer, Koordinatoren der Fachdisziplinen
Technische Umsetzung	Die Bearbeitung der Modelle erfolgte in der Architektur über den ARCHICAD BIM-Server mit mehreren Autoren. Das native Modell bildete die Grundlage für die Ableitung von Grundrissen, Ansichten und Schnitten. Ebenso bei den Fachplanern. Sämtliche Pläne wurden somit auf Basis der Fachmodelle erzeugt, die ebenfalls die Basis für die Erzeugung von Listen (Flächen, Türen, Fenster etc.) bildeten. Die Tragwerksplanung arbeitete in der ebenfalls BIM-fähigen CAD-Autorensoftware ALLPLAN, welche auch zur Planableitung genutzt wurde. Hierbei erfolgte die Planerzeugung gewerkeweise. Eine 3-D-Bewehrungsplanung und die Ableitung der Schalpläne erfolgten modellbasiert. Die Planung der technischen Gebäudeausrüstung erfolgte in der BIM-fähigen CAD-Autorensoftware PLANCAL NOVA (Trimble Nova CAD). Auch hier erfolgte die Plan-, Listen- und Schemaableitung auf Basis der Fachmodelle. Auch die frühzeitig eingebundenen Nachunternehmer nutzten ihre Fachmodelle zur Ableitung der Werk- und Montagepläne. Fachmodell TGA Lüftung in RUKON, Fachmodell Badewassertechnik in C.A.T.S. Die Detailbearbeitung erfolgte in 2-D, da im Sinne einer Übermodellierung diese nicht nachmodelliert werden, jedoch mit dem Modell an der entsprechenden Stelle verknüpft sind. Wie im BIM-Protokoll festgelegt nutzten die Projektbeteiligten zum Austausch von Fachmodellen, Koordinationsmodellen und Plänen, Beschreibungen und Listen ein Common Data Environment, bestehend aus der Kollaborationsplattform BIMSYNC und dem Dokumenten-Management-System BRICSYS. Die Daten wurden wöchentlich zur Information und Koordination eingestellt. Ein Hinweis aus gegebenem Anlass: Aus IFC-Modellen lassen sich keine Pläne ableiten. Dieses erfolgt in der jeweiligen nativen CAD-Autorensoftware.
Daten (benötigte Merkmale, MVD)	Native Autorensoftware, IFC, DWG, PDF

BIM-Ziel (Mehrwert)	Verlässliche Informations- und Datengrundlage
Rahmen-bedingungen, Voraussetzung	Datei- und Namenskonventionen, Versionierung und Freigabe unterstützt durch das CDE und die Kollaborationsplattform.
Fazit	Durch die gewählte Methode der Zusammenarbeit gab es keinerlei Mehraufwände durch inkonsistente Pläne, wie sie bei einer konventionellen Planung nicht selten vorkommen, und somit auch keinen Zeitverzug in der Bearbeitung. Es gilt aber zu bedenken, dass die wöchentliche Koordinierung inklusive der Einstellung von Plänen als PDF und DWG sowie der Fachmodelle im IFC ein nicht zu unterschätzender Aufwand darstellt, der sich zum Zweck der Disziplinierung jedoch als notwendig erwiesen hat. Achtung, ein Datenraum allein ist noch nicht unbedingt ein CDE.
Wertschöpfung	Zur Vermeidung von Missverständnissen und Inkonsistenzen ein notwendiger Prozess, der mit einem gewissen technischen und organisatorischen Aufwand wertschöpfend ist. Sollen zukünftig Daten und Dokumente (so schnell werden wir Dokumente auch nicht los) konsistent über das Planen und Bauen an den Betrieb übergeben werden, geht es nicht anders. Wert für das Projekt: sehr hoch

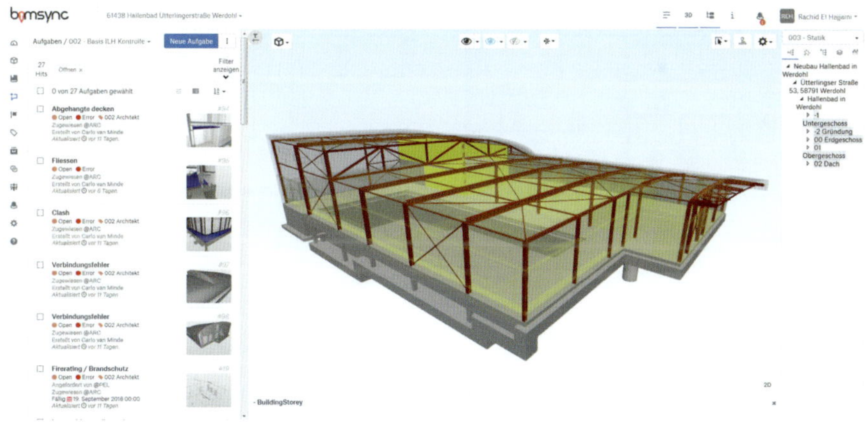

Bild 16: Kollaborationsplattform mit Änderungsmanagement

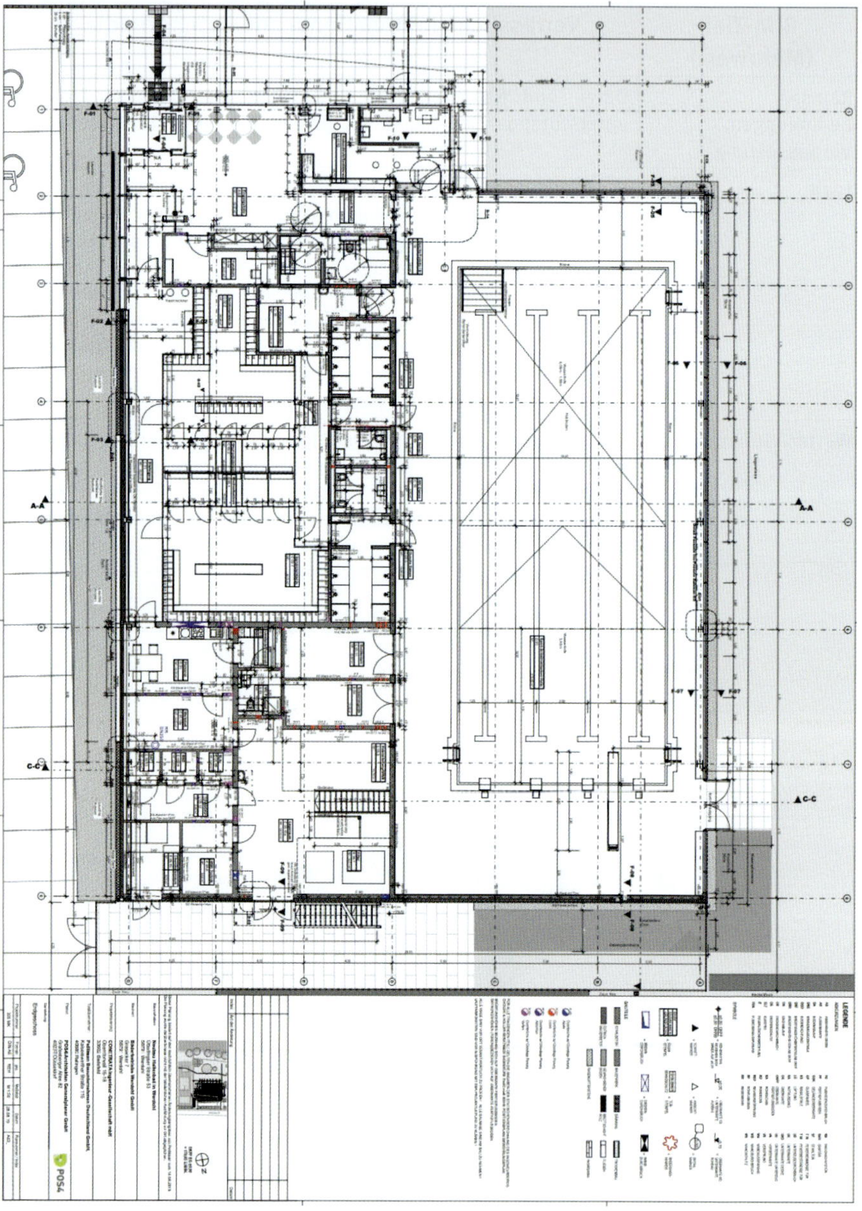

Bild 17: Ausführungsplanung Objektplanung (LP5), abgeleitet aus dem Objektplanungsmodell

BIM-Ziel (Mehrwert)	Optimierung der Planungsqualität und Koordination zur frühzeitigen Fehlererkennung und Fehlervermeidung während der Planungsphase
BIM-Anwendung	Koordination und Integration der Planung (Objekt- und Fachplanung)
Technischer Prozess	• Fachmodellbasiertes Arbeiten der Planer und Nachunternehmer • Kollaboration der Planer und Nachunternehmer am Modell • Periodische Erstellung eines Koordinationsmodells • Visualisierung nach VDI 2552 4 • Plausibilitätsprüfung nach VDI 2552 4 • Kollisionsprüfung nach VDI 2552 4 • Inhaltliche Prüfung nach VDI 2552 4 • Anschlussüberprüfung nach VDI 2552 4 • Modellbasiertes Änderungsmanagement • Periodisches Pflegen der Fachmodelle
Verantwortlichkeiten	Informationsautoren Architektur, Statik, TA; Informationskoordinatoren Architektur, Statik, TA, Generalunternehmer, Gesamtinformationskoordinator
Technische Umsetzung	Grundlage für die Modellerstellung der modellierenden Parteien in der jeweiligen nativen Umgebung bildete ein zum Planungsbeginn durch das BIM-Management strukturierte und durch den BIM-gesamtkoordinator erstellte IFC Template (Grundlagendatei). Diese enthielt neben einem einheitlichen 3-D-Einfügepunkt (in Form eines Würfels) und grundlegenden Topografiedaten auch eine Georeferenzierung und die erforderlichen Liegenschaftsinformationen und wurde allen Beteiligten zur Verfügung gestellt. Darauf aufbauend erstellten die Objektplaner das erste Architekturmodell (zur Machbarkeitsstudie), das sie dann als IFC-Datei auf der Kollaborationsplattform zur Verfügung stellten. Nach der skizzenhaften Konzeptphase der Fachingenieure wurden sukzessive Fachmodelle erstellt und über den Projektverlauf immer weiter ausdetailliert. Nachdem am Ende der LP 2 HOAI die ersten Fachmodelle bereitstanden (noch in der Angebotsphase), erfolgte die Erzeugung eines Koordinierungsmodells mithilfe des Modell Checkers SOLIBRI und die Durchführung einer Kollisionsprüfung mit daraus bedingten Änderungsanforderungen.

BIM-Ziel (Mehrwert)	Optimierung der Planungsqualität und Koordination zur frühzeitigen Fehlererkennung und Fehlervermeidung während der Planungsphase
(Fortsetzung)	Jedes eigene Fachmodell wurde auf Basis der Änderungsanforderungen in der nativen Umgebung entsprechend der Referenzierung der anderen Modelle vom jeweiligen Planer angepasst und über einen erneuten IFC-Export dem Koordinierungsprozess wieder zugeführt. Diese Koordinierung erfolgte in den LP2 bis LP 4 wöchentlich und in der LP 5 zweiwöchentlich. Außerdem führten der Projektleiter der Architektur gemeinsam mit dem Gesamtkoordinator virtuelle Baubegehungen zur Plausibilisierung der Koordinierung durch. Solch eine allgemeine Plausibilitätsprüfung nach VDI 2552 4 anhand des 3-D-Modells bietet die Möglichkeit, nicht nur die automatisierten Fehlerabfragen zu nutzen, sondern die Planung auch mithilfe des gesunden Menschen- und Ingenieurverstandes auf Sinnhaftigkeit zu prüfen. Als besonders effiziente und automatisierte Koordination stellte sich im Rahmen der BIM-Koordination die Vorgehensweise für die Schlitz- und Durchbruchplanung heraus. Die von der TA-Planung ermittelten Durchbrüche wurden der Objektplanung über die Koordinationsplattform in Form von Volumenkörpern im IFC-Format zur Verfügung gestellt, die im nächsten Schritt in ARCHICAD wiederum als Abzugskörper im Architekturmodell genutzt wurden. Prüfung und Übernahme in die eigene Planung konnten hier sehr unkompliziert in wenigen Schritten umgesetzt werden. Die Kollisionsprüfung erfolgte durch den Gesamtkoordinator. Da die gewählte Kollaborationsplattform noch nicht online mit einem Modell Checker ausgestattet ist, erfolgt die Koordinierung und Kollisionsprüfung stationär im Modell Checker. Die von allen Fachplanern im IFC-Format auf der Plattform zur Verfügung gestellten Fachmodelle konnten durch den im Template vorgegebenen Einfügewürfel vom Gesamtkoordinator einfach dreidimensional übereinandergelegt werden. Auf diese Weise wurde zunächst überprüft, ob alle Fachmodelle korrekt überlagert sind. Im nächsten Schritt konnten auf Grundlage der durch den Generalplaner erstellten Regelabfragen Qualitäts- und Kollisionsprüfungen durchgeführt werden.

BIM-Ziel (Mehrwert)	Optimierung der Planungsqualität und Koordination zur frühzeitigen Fehlererkennung und Fehlervermeidung während der Planungsphase
(Fortsetzung)	Die Kommunikation der Problemstellen und Abweichungen erfolgte mittels BCF-Reports vonseiten der BIM-Koordination. Die BCF-Dateien wurden über die Webapplikation BIMSYNC verwaltet und an die jeweiligen Planer versendet. Mit steigender Planungstiefe wurden Fehler in drei Schweregrade unterteilt (A-, B- und C-Kategorie). Auf diese Priorisierung wurde bei den Koordinierungssitzungen zurückgegriffen. Der Nachweis der Umsetzung der entsprechenden Anpassungen erfolgte ebenfalls über das BCF-Format.
Daten (benötigte Merkmale, MVD)	IFC 2x3 Coordination View, BCF, LOG & LOI gem. des Detaillierungsgrades der für die Objekt- und Fachplanung benötigten Informationen.
Rahmen-bedingungen, Voraussetzung	AIA, BAP, Modellierungsrichtlinie, Checkliste zur Modelleinstellung (qualitative Vorprüfung)
Fazit	Die Nutzung der Methode BIM hat sich von Beginn an in einer höheren Planungsqualität durch die strukturierte Koordination geäußert. In Bezug auf den Fertigstellungsgrad der Modelle zur Koordination gab es unerwarteten Abstimmungsbedarf. Während die Objektplaner eine Strategie bevorzugten, bei der auch das entstehende Modell im Prozess sukzessive immer wieder mit den Beteiligten abgestimmt wird, verfolgte die Tragwerksplanung einen Ansatz, bei dem das komplette Statik-Modell im Vorfeld der Koordination fertiggestellt wurde. Auch halb fertige Planstände können und sollen bereits koordiniert werden, was der SCRUM-Methode ähnelt und eine Form der agilen Projektabwicklung abbildet. Solche und ähnliche Punkte gilt es im Vorfeld des Projektes zu koordinieren und dabei die Interessen aller Planungsbeteiligter zu berücksichtigen. Die Kollisionsprüfung konnte erheblich optimiert werden, da das Bauwerk vollumfänglich über alle Leistungsphasen untersucht wurde und mit der Vertiefung der Detaillierung sukzessive fortgeführt wurde. Durch die intensive und im Intervall kurzfristigere Abstimmung aller Planungsbeteiligten ist die Planungsqualität drastisch gestiegen. Das Berichtswesen und die BCF-Nutzung erleichterten die Kommunikation, Kollaboration, Nachverfolgung sowie die Dokumentation von Planungsschritten im Nachhinein.

BIM-Ziel (Mehrwert)	Optimierung der Planungsqualität und Koordination zur frühzeitigen Fehlererkennung und Fehlervermeidung während der Planungsphase
(Fortsetzung)	Ein weiteres positives Beispiel der modellbasierten Koordination war, dass bei der Weiterentwicklung der Planung irgendwann auch die endgültige Wahl für das Fabrikat der Lüftungsgeräte getroffen war. Dabei stellte sich heraus, dass sich die Spezifikationen dieses Geräts hinsichtlich der Abmessungen von den bisherigen Annahmen unterschieden. Die Höhe war eine andere und passte nicht in den in der Planung vorgesehenen Raum. Hier musste kurzfristig eine Lösung gefunden werden, indem entweder der Boden abgesenkt oder das Dach angehoben würde. Im Hinblick auf die weiteren dann notwendigen Anpassungen entschied man sich für eine Erhöhung der Stahlkonstruktion um 10 cm. Damit wurde das Problem modellbasiert gelöst. Ein frühzeitig erkanntes Problem, das mit geringen finanziellen Mitteln gelöst wurde. Deshalb sollte die Koordination auch unbedingt nicht mit der Planungsphase enden, sondern auch während der Ausführungsphase fortgeführt werden.
Wertschöpfung	Das Vorhalten von nativen Daten und der Austausch über IFC erscheint zunächst nicht als wertschöpfend, da eine doppelte Datenhaltung vorliegt, ist aber im Gesamtprozess der Koordination als notwendiger Prozess durchzuführen. Die frühzeitige Visualisierung der Koordination ist Grundlage für weniger Rückfragen und das Auffinden von Fehlplanungen, was auf der Baustelle extreme Verschwendung bedeutet hätte. In Bezug auf die datenbasierte Bearbeitung anstelle der dokumentbasierten Erstellung der Planung ermöglicht erst dieser Prozess die Interoperabilität und ist daher wertschaffend. Wert für das Projekt: sehr hoch

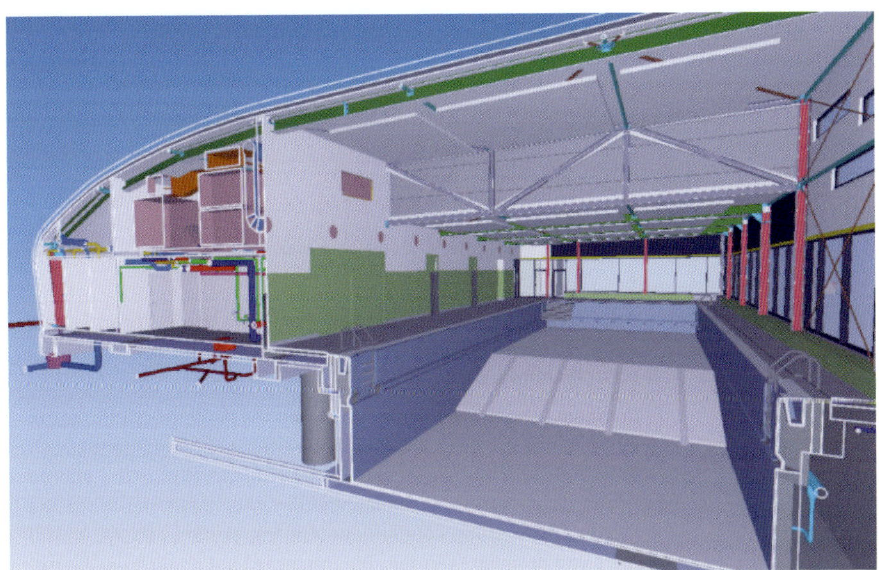

Bild 18: Koordinationsmodell mit den Fachmodellen Architektur, Statik, TA in der LPH 3

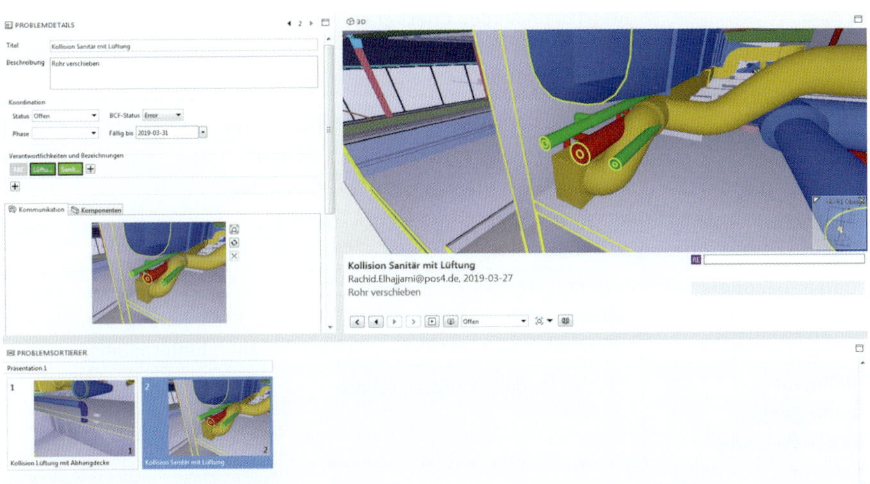

Bild 19: Geometrische Kollisionsprüfung und modellbasierte Kommunikation im Änderungsmanagement

BIM-Ziel (Mehrwert)	Optimierte Variantenbetrachtung
BIM-Anwendung	Planungsvariantenvergleich
Technischer Prozess	• Entwurfsplanungsmodell • Simulation Kosten • Simulation Zeiten • Modellgestützte Mengen- und Massenermittlung • Visualisierung
Verantwortlichkeiten	GU, Objektplaner sowie jeder Fachplaner der TA, der Tragwerksplanung, Nachunternehmer für Badewassertechnik, Lüftung, Stahlbau, Filigranwände Beton
Technische Umsetzung	In einem interaktiven Prozess wurden die Änderungsanforderungen z. B. aus der geänderten Ausschreibung zur Variantenbetrachtung in den Fachbeiträgen der Planer eingearbeitet und wiederum in der Koordination zusammengeführt. Auf Basis der modellbasierten Bearbeitung konnten alle Abhängigkeiten erfasst, koordiniert und optimiert werden. Die Prozesse sind ähnlich des Koordinationsprozesses zu sehen. Danach wurden die Modelle für eine erneute Mengen- und Massenermittlung zur Kostenplausibilisierung herangezogen und lediglich die Abweichung zur vorherigen Prüfung durch die Vergleichsfunktion im Modell Checker bewertet. Dabei wurde in den ersten Phasen ein einfacher Information Takeoff (ITO) im Modell Checker erzeugt und Excel-basiert in der Simulations- und Kalkulationssoftware und der Kostendatenbank des Generalunternehmers eingelesen. Beispiele der Variantenbetrachtung waren: • Betrachtung Ergänzung um 1-m-Brett • Verkleinerung Foodprint des Gebäudes • Ausführung Tragwerk ab OKFF EG in Hybridbauweise oder Stahl
Daten (benötigte Merkmale, MVD)	DIN 276, IFC 2x3 Coordination View, LOG & LOI gem. des Detaillierungsgrades der für die Objekt- und Fachplanung benötigten Informationen, Klassifizierung Kosten Generalunternehmer
Rahmenbedingungen, Voraussetzung	ILH und Modellierungsrichtlinie

BIM-Ziel (Mehrwert)	Optimierte Variantenbetrachtung
Fazit	Erst durch die Modellbearbeitung wurden die Abhängigkeiten in technischer und funktionaler Art und Weise in Bezug auf Zeiten, Kosten und Qualitäten wirklich belastbar zu Entscheidungsgrundlagen geführt. Am Beispiel der Tragwerksentscheidung wurde, z. B. aufgrund der Bauzeitensimulation, bei ähnlicher Kostenprognose der schneller zu realisierende Weg gewählt.
Wertschöpfung	Im Hinblick auf den Kundenwert ein wunderbares Instrument, diesen zu erhöhen. Eine echte Entscheidungsgrundlage, die auch Lebenszyklusbetrachtung ermöglicht. Wert für das Projekt: hoch

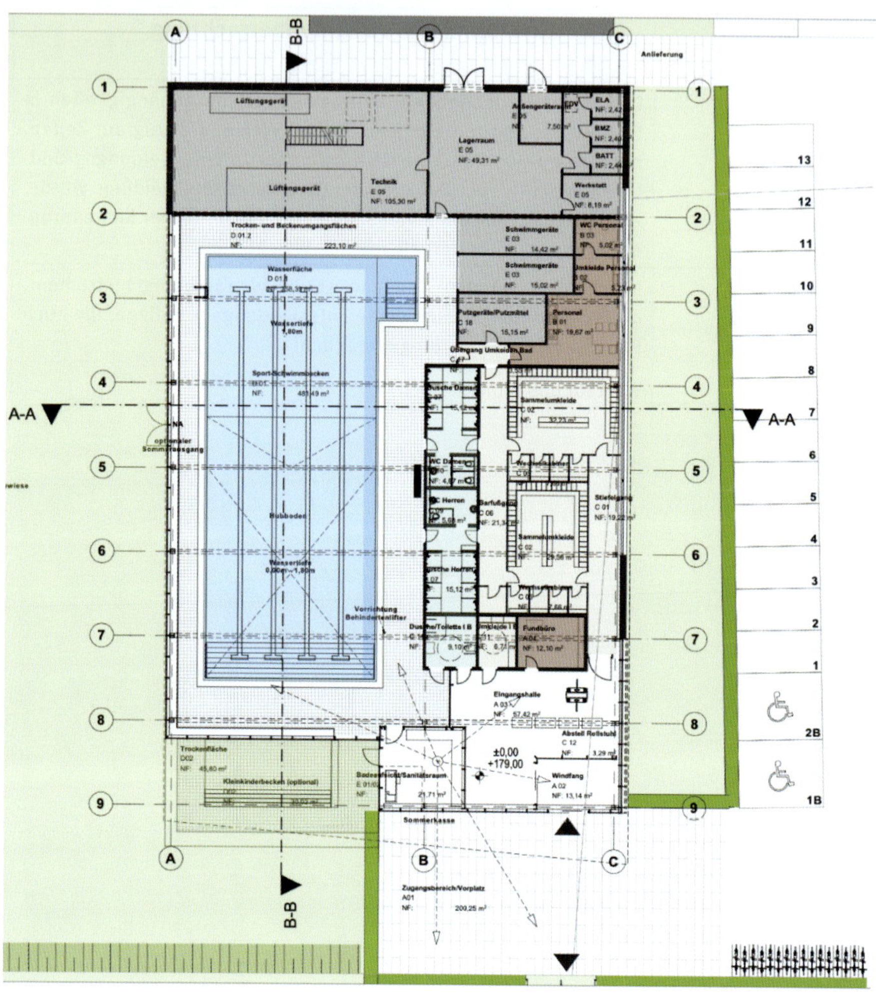
A
B
C
B-B
A-A
Anlieferung
Lüftungsgerät
Lüftungsgerät
Technik
E 05
NF: 105,30 m²
Lagerraum
E 05
NF: 49,31 m²
EDV
ELA
BMZ
BATT
Werkstatt
E 05
NF: 8,19 m²
Trocken- und Beckenumgangsflächen
D 01.2
NF: 223,10 m²
Wasserfläche
Schwimmgeräte
E 03
NF: 14,42 m²
Schwimmgeräte
E 03
NF: 15,02 m²
WC Personal
B 03
Umkleide Personal
Putzgeräte/Putzmittel
C 18
NF: 15,15 m²
Personal
B 01
NF: 19,67 m²
Übergang Umkleiden Bad
Sport-Schwimmbecken
NF: 481,49 m²
Sammelumkleide
C 02
NF: 32,23 m²
optionaler
Sommerausgang
Barfußgang
C 06
Stiefelgang
C 01
Sammelumkleide
C 02
Hubboden
Wassertiefe
0,00m – 1,80m
NF: 15,12 m²
Vorrichtung
Behindertenlifter
Fundbüro
NF: 12,10 m²
Eingangshalle
A 03
NF: 57,42 m²
Abstell Rollstuhl
C 12
NF: 3,29 m²
±0,00
+179,00
Windfang
A 02
NF: 13,14 m²
Trockenfläche
D02
NF: 45,80 m²
Kleinkinderbecken (optional)
21,71 m²
Sommerkasse
Zugangsbereich/Vorplatz
A01
NF: 200,25 m²
1
2
3
4
5
6
7
8
9
13
12
11
10
2B
1B

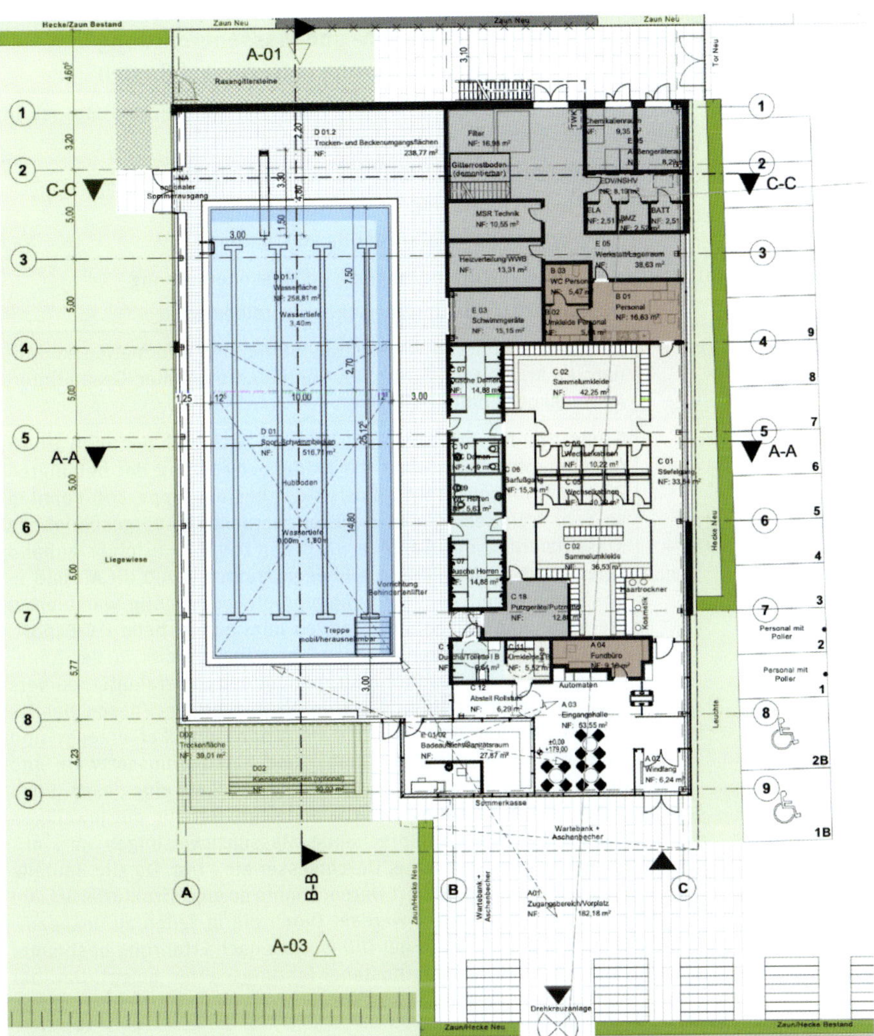

Bild 20: Optimierte Variantenbetrachtung im Rahmen der Angebotsbearbeitung (links ohne, rechts mit 1-m-Brett und verkleinerter Grundfläche)

BIM-Ziel (Mehrwert)	Optimierte Mengen- und Massenermittlung und Risikominimierung in Bezug auf Kosten
BIM-Anwendung	• Inhaltliche Plausibilitätsprüfung von Mengen und Massen in der Planung • Mengenkonsistenzprüfung nach VDI 2552 Blatt 4 • Kostenberechnung • Angebotskalkulation der Bauausführung
Technischer Prozess	• Modellgestützte Mengen- und Massenermittlung • Kostenberechnung zur Angebotserstellung
Verantwortlichkeiten	Informationsautoren Architektur, Statik, TA; Informationskoordinatoren Architektur, Statik, TA, Generalunternehmer, Gesamtinformationskoordinator
Technische Umsetzung	Grundlage für die Kostenberechnung während der indikativen Angebotsphase war stets die Modellbetrachtung der beteiligten Planer. Insbesondere die Kosten der Kostengruppe 300 konnten so sehr früh sehr genau ermittelt werden. Die vorgeschriebene Klassifizierung der Bauteile nach der DIN 276 erfolgte anhand einer Attribuierung über die Ebenenstruktur in ARCHICAD und in Abstimmung mit dem Generalunternehmer. Wichtig war hierbei die Mitnahme der entsprechenden Information beim IFC-Export. Die Qualität der Datenlieferung war dabei bereits in der Angebotsphase durch das BIM-Management des Generalunternehmers qualitätsgesichert. Hierzu wurde ab den ersten Phasen bereits ein Information Take-off (ITO) im Modell Checker erzeugt und Excel-basiert in der Simulations- und Kalkulationssoftware und der Kostendatenbank des Generalunternehmers eingelesen. Dazu wurde ein Auswertungsbericht angelegt, der für die jeweiligen Bauteilpositionen entsprechende Massenzuweisungen (m^2, m^3, Kantenlänge, Oberfläche, Durchmesser etc.) traf. Da alle Bauteile nach DIN 276 klassifiziert waren, konnte so eine strukturierte Liste mit Massen exportiert werden. Durch die in Teilen zu unspezifische Strukturierung in der DIN wurden nach Erfahrung bestimmte Positionen mit eigenen Kostener fahrungswerten belegt. Darüber konnte eine dezidierte Kostenschätzung bis in die dritte Ebene aufgestellt werden.
Daten (benötigte Merkmale, MVD)	Native Daten Objektplanungsmodell, IFC 2x3, Klassifikationsmerkmale Generalunternehmer
Rahmenbedingungen, Voraussetzung	AIA, DIN 276

BIM-Ziel (Mehrwert)	Optimierte Mengen- und Massenermittlung und Risikominimierung in Bezug auf Kosten
Fazit	Die Modellableitung von Mengen und Massen der Kostengruppe 300 ermöglichte eine sehr detaillierte, exakte Betrachtung in Verbindung mit Kosten und Leistungspositionen. Dadurch konnten auch sehr frühzeitig bereits Nachunternehmeranfragen und Angebote die Einschätzung des Gewerkes ersetzen und so eine verlässliche Kostengröße garantieren. Auch ist die Bearbeitungszeit z. B. bei der Anfrage des Gewerkes Putzarbeiten von ca. 1 Woche Ausschreibungsaufwand auf ca. einen Arbeitstag reduziert worden.
Wertschöpfung	Die durchgängige Nutzung von Daten stellt von der Angebotsphase über die Ausschreibung der Gewerke bis zur Abrechnung einen sehr schlanken Prozess bereit. Wert für das Projekt: sehr hoch

BIM-Ziel (Mehrwert)	Höhere Sicherheit bei der Einhaltung von Zeiten
BIM-Anwendung	Terminplanung der Ausführung
Technischer Prozess	• Grob-/Feinterminplanung/Bauablaufsimulation • 4-D-Simulation
Verantwortlichkeiten	Generalunternehmer, Projektkoordinator
Technische Umsetzung	Die zuvor beschriebene Klassifizierung der Bauteile war Grundlage der zeitlichen Simulation. Als Simulationssoftware wurde SYNCHRO verwendet. Dazu wurde jedes Bauteil mit einem Zeitpunkt (Starttermin und Dauer) versehen und mit planerischem Verstand im Abgleich mit dem Gesamtterminplan plausibilisiert und visualisiert.
Daten (benötigte Merkmale, MVD)	Hier war die eindeutige Auffindbarkeit durch Klassifizierung und Beachtung der korrekten IFC-Entitäten sehr wichtig.
Rahmenbedingungen, Voraussetzung	AIA, DIN 276, Feinterminplan
Fazit	Die Bauzeit, die Baulogistik und Bauhilfestellung konnte anschaulich sehr früh plausibilisiert werden. Gleichzeitig wurden die Vollständigkeit des Rohbaus und die Verknüpfung mit den Ausbaugewerken nachvollziehbar dargestellt. Die Bereitstellung von Visualisierung des tagesgenauen Bauzustandes ist die Kommunikationsdrehscheibe im Projekt. Die frühzeitige nachvollziehbare Betrachtung zur Angebotslegung war ein entscheidender Erfolgsfaktor im Projekt.
Wertschöpfung	Die 4-D-Simulation gibt wertvollen Input in die Lean-Planung. Wert für das Projekt: sehr hoch

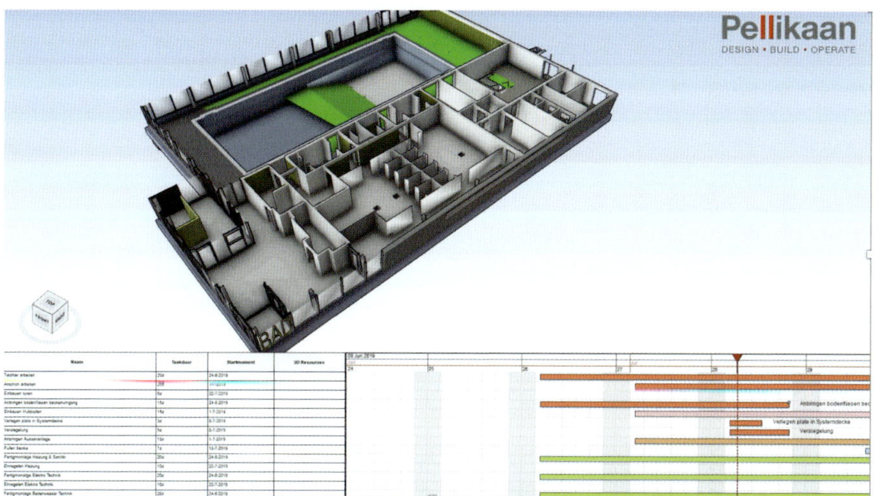

Bild 21: „Bauablaufsimulation 4D" durch PELLIKAAN in der Planungsphase

Sie sehen, die BIM-Anwendungen in einem Projekt sind bewusst zu wählen und in Bezug auf die Kosten und den Nutzen projektspezifisch auszuwählen. Außerdem ist die Betrachtung der Sinnhaftigkeit zur Erreichung eines selbst gewählten Zieles bei jedem Projekt zu führen. Nicht jede technologisch machbare Anwendung ist auch wirklich sinnvoll für den Projekterfolg. Eines hat aber das Projekt Werdohl gezeigt: Der Schlüsselfaktor liegt im digitalen Miteinander der Beteiligten. Und dabei spielen die Kommunikation, Koordination und Kollaboration eine entscheidende Rolle, was das folgende Kapitel detailliert betrachtet.

9 Sprechen Sie 3*K-BIM?
Was heißt eigentlich digitale Kommunikation, Koordination und Kollaboration?

In vielen Umfragen, wie auch dem McGraw Hill Construction Report, nennen die meisten Befragten (41 Prozent) die Reduzierung von Fehlern und Versäumnissen als den größten Mehrwert der BIM-Methode. Platz 2 besetzt auch schon die Kollaboration der fachlich Beteiligten und Bauherren mit 35 Prozent . Aber was hat es mit dem eigentlich negativ besetzten Wort „Kollaboration" eigentlich auf sich? Und ist die Kollaboration das Ergebnis einer neuen digitalen Kommunikation und Informationskoordination? Zunächst steht das lateinische Wort „co" ja für „mit" und „laborare" für „arbeiten". Also beschreibt das Wort das Miteinanderarbeiten, insbesondere die ideelle Zusammenarbeit. Doch die Geschichte hat das Wort durch die Kollaboration im Krieg, also die Zusammenarbeit mit dem Feind, negativ belegt. Davon müssen wir uns frei machen und uns auf das Positive und Fundamentale darin wiederbesinnen und es als festen Bestandteil des Projektmanagements von BIM und Lean sehen. Mehr als die bloße Kooperation bringt die Kollaboration eine schöpferische Tätigkeit beider kollaborierender Parteien mit sich. Damit ist die Kollaboration ein wichtiger Bestandteil einer Teamkultur und erfordert daher auch eine gute Kommunikation. Doch wie sieht diese nun konkret aus? Immer wieder begegnen uns Bauvorhaben, in denen uns Zugänge zu Datenräumen gegeben werden und in der Kommunikation Planstände per E-Mail übermittelt werden. Aber bei professionellen Bauaufgaben im BIM- und Lean-Kontext muss diese Kommunikation mit der Herstellung höchster Transparenz und Aktualität einhergehen. Lassen Sie uns zunächst mit den verschiedenen Formen der Kommunikation auseinandersetzen:

Kommunikation

Neben der herkömmlichen Kommunikation von Mensch zu Mensch bringt die Digitalisierung auch die Kommunikation von Mensch zu Maschine und eben auch Maschinen zu Maschine. Dabei sind die Informationskanäle und Medien äußerst unterschiedlich. Während in klassischen Bauprojekten die genutzten Medien oft die physischen Besprechungen auf Basis von Dokumenten (Pläne, Listen, Beschreibungen) und die Informationskanäle in direkter 1:1-Kommunikation über E-Mail und Dateiaustausch als Anhang erfolgen oder in einem Datenraum abzurufen sind, setzen digital weiterentwickelte Planungs- und

Bauprojekte auf strukturierte Umgebungen, transparente und nachvollziehbare Informationswege und eine modellbasierte Bearbeitung. Dazu benötigt es entsprechende Austauschplattformen und unterstützende Workflows.

Aus der Vergangenheit kennen wir noch vielstündige Planungs-, Bauherren- und Baubesprechungen, in der nach drei Stunden Wartezeit dann doch nach dem fünfminütigen Beitrag des Landschaftsarchitekten keine Entscheidung über seine Problemstellung herbeigeführt werden konnte (bitte, liebe Landschaftsarchitekten, nicht falsch verstehen, wir schätzen die Zusammenarbeit sehr). Unsere Planungsbesprechungen im Projekt Hallenbad Werdohl liefen da bereits ganz anders ab. Die Beteiligung des Totalübernehmers führte in den Planungsbesprechungen zu realistischen, funktionalen und ökonomischen Variantenbetrachtungen und Entscheidungsprozessen sowie zur frühzeitigen Berücksichtigung der Nachunternehmerbelange, ohne die Gestaltungsfreiheit oder Architekturqualität zu reduzieren. Außerdem war hier eine schlanke Betrachtung von Lösungsansätzen, direkt mit dem ausführenden Gewerk abgestimmt, dem Lean-Gedanken entsprechend wertschöpfend.

In sämtlichen Planungs-, Bau-, und Bauherrenbesprechungen stand das Modell im unmissverständlichen Mittelpunkt, wobei die Art der Visualisierung dem entsprechenden Anlass entsprach. Bauherrenbesprechungen oder die virtuelle Bemusterung erfolgten in einem anderen Viewer als die technischen Absprachen mit den fachlichen Beteiligten. Über etwas zu sprechen, Änderungswünsche zu kommunizieren und diese zu verstehen und durchzuführen, erfolgt auf einer anderen Kommunikationsbasis.

Davon abgegrenzt fanden noch die BIM-Koordinationsbesprechungen statt, welche den Fokus auf der datentechnischen Umsetzung der modellbasierten Bearbeitung hatten. Diese standen in unmittelbarer Abhängigkeit zur Planungs- und Baubesprechung, da die Erkenntnisse auf diese Weise unmittelbar und aktuell berücksichtigt werden konnten. Erfahrungsgemäß ist ein wöchentlicher Turnus der Koordinationsbesprechungen ein guter Kompromiss.

Die modellbasierte Bearbeitung erlaubt auch die direkte Kommunikation von Modell zu Modell. Der BCF-Datenaustausch über Modell Checker und Autorensoftware bedeutet dabei, dass direkt im Rahmen der Kollisionsprüfung ein Ticket versandt werden kann, welches eine Änderungsaufforderung an einen Empfänger adressiert, ein visuelles Abbild (Viewpoint der betreffenden Stelle) transportiert und die entsprechende GUID der betroffenen Bauteile beinhaltet. Daher wird der Adressat direkt an das Bauteil geführt, kann die Änderungen durchführen und entsprechend freimelden. Das bedeutet Änderungsmanagement während der Planungs- und Bauphase, wie wir es aus dem Mängelmanagement inkl. dem nachvollziehbaren Berichtswesen kennen. Diese Form der Kommunikation bedarf dabei einer entsprechenden Datenumgebung, einem CDE, Common Data Environment.

Das bedeutet, dass die herkömmlichen Wege und Medien der Kommunikation um digitale Möglichkeiten ergänzt werden, diese aber nicht gänzlich ersetzen. Oft reicht eine verbale Abstimmung von Mensch zu Mensch und ist deutlich effizienter, als den Weg digital abzubilden. Es liegt in der Hand des Informationsmanagers, diese Prozesse im Vorfeld eines Projektes zu definieren und zu designen.

Koordination

Zunächst sollten wir die Planungskoordination (geometrisch während Planungsphase und Bauphase) und die Informationskoordination (Alphanumerik), Datenstruktur und Dokumentation voneinander unterscheiden und getrennt voneinander betrachten.

Der Planungskoordinationsprozess ist durch das fachmodellbasierte Arbeiten wesentlicher Bestandteil der Kollaboration. Dabei sind die Unterschiede zur traditionellen Planungskoordination, die eher sequenziell geprägt war, zur iterativen Zusammenarbeit nicht unerheblich, stellen eine der größten Veränderungen dar.

Jeder fachlich Beteiligte trägt seinen eigenen Modellbeitrag zum openBIM-Workflow bei. So sieht es auch der Stufenplan des Bundes vor, da der öffentliche Auftraggeber herstellerneutral und diskriminierungsfrei ausschreiben muss. Dabei bleibt auch die Planungsleistung haftungsrechtlich besser abzugrenzen. Das bedeutet, dass die Beiträge referenziert und nicht in einer Softwareumgebung nativ ausgetauscht werden. Das Austauschformat dabei ist IFC. An dieser Stelle sei angemerkt, dass durchaus auch native Datenaustausche bei einem openBIM-Projekt möglich sind, wenn es die eigene Arbeit erleichtert. Es sollten nur zu festgelegten Austauschpunkten entsprechende Datenlieferungen erfolgen. Das IFC-Format sieht dabei eine eigene Exporteinstellung (Coordination View) vor, in der aus dem Fachmodell nur die Daten herausgeschrieben werden, welche für den Koordinationsprozess relevant sind. Was mit IFC 2x3 derzeit noch das geläufigste Austauschformat ist, wird zunehmend vom IFC 4 Reference View abgelöst.

Gemäß der HOAI ist der Architekt für die Gesamtkoordination verantwortlich und auch in unserem Projekt war hier die modellbasierte Gesamtkoordination gelagert. Dazu wurde am Beginn des Planungsprozesses eine entsprechende

Grundlagendatei verteilt, wie bereits im Kapitel 6 beschrieben. In dieser Datei (IFC) waren neben einigen Stammdaten wie Adresse, Liegenschaft, Auftraggeber auch bereits Geschossigkeiten angelegt sowie die Topografie und bestehende Infrastruktur abgebildet. Ein wesentlicher Bestandteil war auch ein Einfügewürfel auf der x,y,z-Koordinate auf null, wobei dieser Punkt bereits georeferenziert war. Diese datenbasierte Absprache am Anfang der Planungskoordination trug erheblich zur Strukturierung bei. Jeder Planer war nun aufgefordert, auf dieser Grundlage seinen eigenen Beitrag zu erarbeiten. Zunächst durch die Architekten vorgelegt, wurden wöchentlich freitags (unfertige) Fachmodelle auf der Kollaborationsplattform hochgeladen. Der Gesamtkoordinator Planung lud nun montags die Beiträge in eine stationäre Modellprüfungssoftware, um sie miteinander abzugleichen. Nach Disziplinen sortiert und über den einheitlichen Einfügewürfel exakt ineinander referenziert entstand nun ein Koordinationsmodell. Im nächsten Schritt wurden über Prüfregeln Abgleiche der Fachmodelle gemacht, wobei es im Rahmen der Planungskoordination zunächst um geometrische Kollisionen ging. Gleichwohl wurde die Modellqualität im Vorfeld bereits nach dem Hochladen durch den Informationskoordinator aufseiten des Generalunternehmers überprüft und im Ergebnis mit entsprechenden BCF-Dateien über die Kollaborationsplattform kommuniziert. Die Kollisionsprüfung im Modell Checker ergab eine Vielzahl an Kollisionen. Und da war nun eine neue Kompetenz beim Gesamtkoordinator Planung gefragt. Mit dieser Vielzahl an Problemstellen galt es umzugehen, die Verstöße zu qualifizieren und Änderungsanforderungen einzuleiten.

Die Varianz reichte von Modellierungsfehlern oder leistungsphasenbedingten Verschneidungen (in der LPH 3 macht man ja z.B. noch keine Deckenausschnitte in der Gipskarton-Decke), welche in einem Klick freizugeben sind, bis zu Verschiebungsanforderungen haustechnischer Komponenten, bei welchen in Bezug auf technische Machbarkeit sowie Zeit- und Kostenauswirkungen mit dem Projektleiter oder dem Generalunternehmer Rücksprache gehalten werden musste.

Die qualifizierten Änderungsanforderungen wurden nun über die Kollaborationsplattform an die Disziplinen versendet und am Dienstag in der BIM-Koordinationssitzung dezidiert besprochen. Diese Form der Besprechung fand bereits vor COVID-19 ausschließlich online statt. Die Plattform erleichtert es dabei, den Überblick über offene und geschlossene Änderungen zu behalten, und bietet auch durch Dokumentation für den Auftraggeber oder dessen Vertreter (Projektsteuerung, BIM-Management) die Möglichkeit, einen Einblick zum aktuellen Planungsfortschritt zu gewinnen.

Eine weitere Ausprägung der Koordination ist die modellbasierte SD-Planung (Schlitz- und Durchbruchplanung), in der durch den Haustechnikplaner Abzugskörper (IFC Void) zur Verfügung gestellt werden. Dieser Abzugskörper wird durch den Gesamtkoordinator zunächst mit den Planungsvorgaben abgeglichen und dann zur weiteren Bearbeitung an die Statik übermittelt. Da nunmehr sämtliche Durchbrüche in einem Modellbeitrag koordiniert werden können, stellt dies eine extreme Arbeitserleichterung dar und erspart kostspieliges Nacharbeiten auf der Baustelle. Das üblicherweise in der Ausführungsplanung durchgeführte Koordinieren der Öffnungen wurde in unserem Projekt bereits in der „koordinierten Entwurfsplanung“ durchführt. Den Leitfaden für die Schlitz- und Durchbruchsplanung auf Basis von IFC finden Sie hier:

Die Planungskoordination wurde auch während der Ausführungsphase konsequent modellbasiert weitererfolgt und ermöglichte im Vorfeld z.B. die optimierte Koordination von Schlitz- und Durchbruchplanung mit dem Filigranwandmodell wie auch die Koordination der Beckeneinbauteile der Badewassertechnik in den Beckenwänden (insbesondere mit der 3-D-Bewehrungsplanung, siehe Kapitel 8).

Wie bereits erwähnt lag die Informationskoordination beim Generalunternehmer Pellikaan, der sich im Rahmen der Qualitätssicherung auch der Informationslieferung prüfend widmete. Sind die dem LoIN entsprechenden Attribuierungen (Eigenschaften) enthalten, sind entsprechende Verknüpfungen oder Dokumentation erfolgt? Die Qualitätssicherung erfolgte dabei in unterschiedlichen Dimensionen. Zunächst ist jede informationsproduzierende Disziplin aufgefordert, die Auflagen des BIM-Protocolls (in Deutschland AIA) zu erfüllen und daher selbst den eigenen Beitrag zu prüfen. Daher ist es sinnvoll, dass die Parteien über entsprechende Prüfwerkzeuge verfügen. Der Informationskoordinator prüfte die Informationen in Bezug auf Konsistenz und Modellqualität, während das BIM-Management stichprobenhaft überprüfte und an den Meilensteinen überprüfte und dokumentierte.

Beispielhaft wurden die für den technischen Prozess der modellbasierten Mengen- und Massenermittlung relevanten Eigenschaften und Klassifikationen geprüft und gegebenenfalls eingefordert.

Kollaboration

Wenn wir nun auf Basis der Änderungsanforderungen die eigenen Beiträge überarbeiten und erneut zusammentragen, befinden wir uns bereits in der Kollaboration. Diese ist sicherlich eine der größten Herausforderungen in Projekten. Wir haben über die Jahre wirklich verlernt zusammenzuarbeiten. Doch das wird nun von uns im Besonderen verlangt. Um es drastisch zu sagen: Heute fängt eine Disziplin dann erst an zu arbeiten, wenn die zugrunde liegende oder vorausgehende Disziplin, oft der Objektplaner, seine Phase vollständig abgeschlossen hat. Das sequenzielle Arbeiten gebietet es derart und so wird es nun auch schon seit Jahrhunderten gemacht. Wenn wir aber iterativ zusammenarbeiten wollen, müssen wir dieses Vorgehen grundlegend ändern. Jetzt sind wir Deutschen ja immer sehr penibel und gewissenhaft. Mein Co-Autor ist als Niederländer da schon ein bisschen abenteuerlustiger. Mut zu Halbfertigem. Wir nähern uns in vielen kleinen Schritten, ähnlich dem SCRUM, gemeinsam dem großen Ganzen. Wo kommt das her?

„In der IT-Branche kamen Anfang der 1990er-Jahre bei der Entwicklung von Software ebenfalls neue Formen der Zusammenarbeit auf. Agile Zusammenarbeit ist die effiziente Weiterentwicklung der teilautonomen Gruppen. Eine Form davon ist SCRUM, wie in Kapitel 6 bereits beschrieben.

Wenn wir das auf den Planungsprozess ableiten, bedeutet das, dass wir innerhalb der starren Leistungsphasen der HOAI in kurzen Intervallen Planungen austauschen und diese überprüfen und den eigenen Beitrag so lange überarbeiten, bis alles kollisionsarm übereinander passt. In unserem Projekt begann die kollaborative Zusammenarbeit, wie bereits beschrieben, schon in der Angebotsphase und war einer der Erfolgsfaktoren.

Eine andere Form der agilen Zusammenarbeit ist das Concurrent Engineering, welches eine Entwurfsmethode ist, bei der ein (Projekt-)Team gleichzeitig am Entwurf eines Gebäudes oder einer Struktur arbeitet. Concurrent Engineering stärkt dabei Lean Engineering, indem ein Entwurfs-/Bauteam gemeinsam einen Auftrag in kurzer Zeit ausarbeitet und ausführt.

Concurrent Engineering erfordert eine sehr gute Koordinations- und Kommunikationsstruktur innerhalb eines Projekts. Die Vorteile sind dabei:

- Verringerung des Risikos, falsche Entscheidungen zu treffen
- Verringerung des Risikos der Auswirkungen von Fehlentscheidungen

- Reduzierung der Durchlaufzeit
- Kostensenkung
- Qualitätsverbesserung

DMS und CDE

Für gemeinsam bearbeitete Bauprojekte ist eine entsprechende Datenumgebung, Common Data Environment (CDE), unabdingbar. Aber nicht jeder Datenraum, jedes Dokumenten-Management-System (DMS) ist auch gleich ein CDE. Während DMS-Systeme hauptsächlich der Bereitstellung, Vorhaltung, Verwaltung und Archivierung von Dokumenten dienen, bringt ein CDE zusätzlich zu diesen Dokumenten auch diese Funktionalitäten auf die datenbasierten Informationen in grafischer und alphanumerischer Form. Die Funktionalitäten sollten sein:

- Benutzerfreundlicher Kommunikationsprozess
- Versionierung, Verlinkung und Referenzierung von Modellen, Dokumenten und Daten
- Import und Export von 3-D- und 4-D-Modellen, 2-D-Zeichnungen, Office-Dokumenten, Scandaten, Fotos, Videos usw.
- Benutzerdefinierte Workflows
- Effiziente Suchfunktion
- Standardschnittstellen zur Datenversorgung und -entsorgung
- Online-Dokumenten- und Modell-Viewer
- Unterstützung von offenen Dateistandards
- Unterstützung von offenen Schnittstellen zur Weiternutzung der Daten im Betrieb
- On-Premise Solution
- Einfaches System zur Einrichtung der internen und externen Zugriffsrechte
- Einfaches Berechtigungssystem

Da die Daten im Rahmen der Datenlieferungen mit Abschluss des Projektes an den Auftraggeber übergehen, macht es Sinn, von der Auftraggeberseite für die Planer und Bauausführenden ein entsprechendes CDE zur Verfügung zu stellen. Andernfalls sollte eine Kompatibilität der Datenübergabe (openCDE) gewährleistet sein. In unserem Projekt wurde das CDE durch den Generalunternehmer gestellt und war modular aufgebaut.

Einen guten Überblick zu Modulen und Funktionen einer Gemeinsamen Datenumgebung bietet DIN SPEC 91391-1 *Gemeinsame Datenumgebungen (CDE) für*

BIM-Projekte – Funktionen und offener Datenaustausch zwischen Plattformen unterschiedlicher Hersteller.

Dabei sollte das CDE die Workflows (Anwendungen gemäß Kapitel 8 und 10) unterstützen und den Status eines Beitrags (In Bearbeitung, Geteilt, Freigegeben, Archiviert gem. DIN EN ISO 19650) anzeigen. Auch das Berichtswesen (z.B. der Koordination) sollte entsprechend durch die Umgebung unterstützt werden. Im Projekt Werdohl wurden Freigaben modellbasiert in der Ordnerstruktur abgebildet und dokumentbasiert z.B. auf den Plänen mit QR-Codes abgebildet, welches durch einfaches Scannen ermöglichte, die Aktualität von Planen auf der Baustelle stichprobenhaft zu überprüfen.

Die Datenreferenzierung und -verlinkung war ebenfalls ein wichtiger Bestandteil, da z.B. die Produktdatenblätter und Pflegehinweise der Bauprodukthersteller dauerhaft in der Verknüpfung von Modell zur Datenbank erhalten sein müssen.

Das Design der Datenaustausche, der Informationslieferungen und der Qualitätssicherung ist Teilbereich und Prozess des Informationsmanagements, welches in Kapitel 14 umfänglich beschrieben wird.

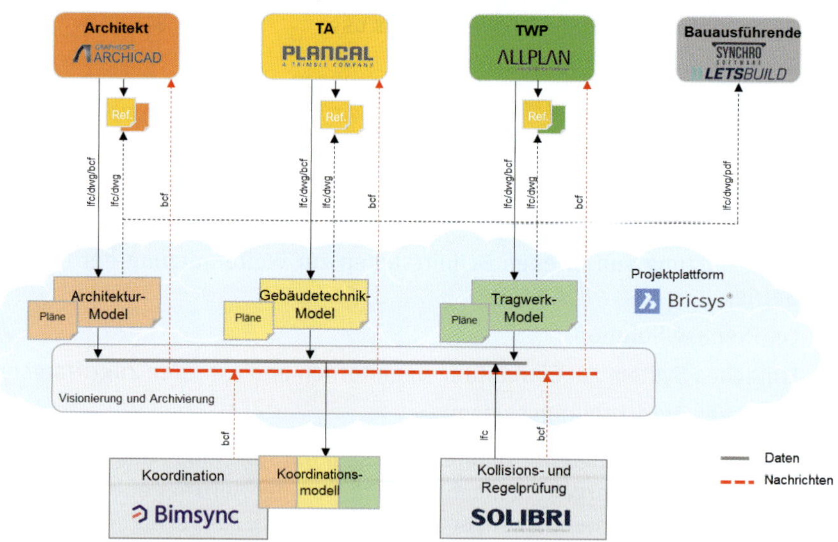

Bild 22: Das Common Data Environment im Projekt Hallenbad Werdohl

Doch wie konnte die BIM-Methodik im konkreten Projekt in der Ausführungsphase weiter genutzt werden?

10 Bauen mit BIM

und die digitalen Handwerkzeuge auf der Baustelle!

In den vergangenen Kapiteln konnten wir in der bisherigen Planungsphase also bereits mindestens drei Modelle, das Architekturmodell, das Tragwerksmodell und das TA-Modell kennenlernen. Doch was darf ich nun während der Realisierungsphase von der Methode BIM erwarten? Zunächst wurden die zuvor genannten 3-D-Bauwerksinformationsmodelle in der gesamten Planungsphase bis zum Abschluss der Ausführungsplanung sukzessive auf einen höheren Modellierungsgrad gebracht (vom LoIN 100 bis zum LoIN 300). Doch wie wurden diese Modelle nun in der Ausführungsphase weiterverwendet und welche BIM-Anwendungen wurden im Projekt Hallenbad Werdohl denn noch angewandt? Die bereits bekannte Tabelle zeigt die durchgeführten Anwendungen in den verschiedenen Leistungsphasen der Ausführung bis zur Dokumentation:

ID	Potenzielle BIM-Anwendung je HOAI Leistungsphase	Angebot	2	3	4	5	6	7	8	HOAI Grundleistung
1	Machbarkeitsstudien für Neubauten	X	X							X
2	Objekt- und Fachplanung	X	X	X	X	X	X	X	X	X
3	Visualisierung der Objekt- und Fachplanung	X	X	X		X	X		X	X
4	Planungsvariantenvergleich	X	X	X		X	X		X	X
5	Erzeugen von Plänen und Listen für Vorentwurf, Entwurf, Genehmigung und Ausführung zur Abstimmung und Freigabe	X	X	X	X	X	X	X	X	X
6	Koordination und Integration der Planung (Objekt- und Fachplanung)	X	X	X		X			X	X
7	Bemessung und Nachweisführung	X	X	X	X	X			X	X
8	Fortschrittskontrolle der Planung	X	X	X		X	X	X	X	
9	Plausibilitätsprüfung von Mengen und Massen in der Planung	X	X	X		X	X	X	X	X
10	Kostenmanagement nach DIN 276	X	X	X		X	X	X	X	
11	Erstellung von Leistungsverzeichnissen für die Ausschreibung der Bauausführung						X			(X)
12	Angebotskalkulation der Bauausführung						X			
13	Abrechnung von Bauleistungen								X	
14	Terminplanung der Ausführung/Logistikkonzept	X	X	X		X	X	X	X	
15	Änderungsnachverfolgung						X	X	X	
16	Herleiten und Einpflegen einer FM-Attribuierung in das Modell					X			X	
17	Bauwerksdokumentation								X	

Zunächst wurden die Bauwerksinformationsmodelle aus der Planungsphase auch durch die Nachunternehmer für Anwendungen, beispielsweise in der Angebotskalkulation, weiterverwendet. Doch sind die Beiträge der Nachunternehmer auch für die Baustellenkoordination von Relevanz. Wir müssen jedoch feststellen, dass bis dato z. B. die Verlegepläne der Hohlkörperdecken hauptsächlich in 2-D ausarbeitet werden. Mehr und mehr können wir aber auch mit digitalen Ausführungen der Nachunternehmer rechnen, die ihre Werk- und Montageplanung in 3-D-Modellen ausarbeiten, den sogenannten Fachmodellen der Bauausführung. Für das Aufstellen dieser Fachmodelle werden oft die Entwurfs- und Ausführungsmodelle von Architektur, Statiker oder TA-Ingenieur herangezogen und weiter genutzt. Man fängt daher also als Nachunternehmer nicht komplett neu an, sondern kann durch Referenzierung oder native Übernahme leicht ohne großer Mehraufwände einen eigenen Modellbeitrag erarbeiten. Damit ist die Methode auch bei kleinen und mittleren Unternehmen durchaus darstellbar.

Vom Entwurfsmodell zum „Engineering Modell“

„One single source of truth“ – das ist es, worum es bei einem Bauwerksinformationsmodell geht. Wenn nun alle auch in der Ausführungsphase in dasselbe Koordinationsmodell hineinarbeiten, entsteht der digitale Konstruktions-Zwilling.

Der Statiker, zuständig für das Tragwerk des Hallenbades Werdohl, hatte zunächst im Rahmen seiner Planung seine Betonwände modelliert. Der Hersteller der im Bauvorhaben verwendeten Filigranwänden machte nun sein eigenes Fachmodell und wir referenzierten es in das Modell der Statik. Wir nutzten für diesen Prozess mit den ausführenden Gewerken ebenfalls die Plattform BIMSYNC. Der Prozess war also kein verschwenderisches „Neuanfangen“, sondern er war eine Art Evolution des Modells.

Dieser beschriebene Prozess passte zu fast allen Nachunternehmergewerken (wenn diese denn bereits in der BIM-Anwendung so weit waren).

Uns wurden mittlerweile bei anderen Projekten schon deutlich mehr Fachmodelle der Ausführung angeliefert, Filigranwände und Filigrandecke, Hohlkörperdecke, Kalksandsteinwände, Betonfertigteile, Außenfenster, Elektrotechnik usw. Wir befinden uns momentan in einer Übergangsphase, in der sich mehr und mehr Firmen des Handwerks im Bereich der BIM-Anwendung weiterentwickeln, jedoch die Leistungsfähigkeit noch stark variiert. Die Vorteile von BIM werden jedoch zunehmend wahrgenommen, man ist bereit, mehr in interne Schulungen, neue Prozesse und Technologien zu investieren. Das zusammen führt dann zu Einsparungen in den Baukosten, für das Gewerk, den Nachunternehmer, für den Generalunternehmer und letztendlich darüber auch für den Auftraggeber, wobei die Fehlerquote in der Planung und Ausführung drastisch sinkt.

ILH (Informationslieferungshandbuch)

Um auch einen eindeutigen, strukturierten Austausch von Fachmodellen der Ausführung möglich zu machen, wurde das BIM-Basis ILH entwickelt, was wir ja auch schon in der Planungsphase kennengelernt haben. Dieses Informationslieferhandbuch ist auch in der Ausführungsphase eine gute Vereinbarung, die die Parteien miteinander treffen, um die Übertragung von Gebäudeinformationen über BIM-Modelle zu strukturieren. Diese Vereinbarung beruht auf praktischen Erfahrungen und soll es ermöglichen, dass Gebäudeinformationen eindeutig und ohne Sprachverwirrung oder Unvollkommenheiten verwendet werden können. Das ILH ist bereits im Jahr 2016 in den Niederlanden entstanden, unter Zusammenarbeit von einigen große Bauunternehmen, Planern, Softwareherstellern und Auftraggebern (dort als ILS – Informatieleveringsspecificatie). Dabei ist es kein großes Regelwerk von 80+ Seiten, sondern nur ein zweiseitiges schlankes DIN-A4-Blatt.

Darin werden die wichtigsten Prinzipien festgelegt. Wie ist der Dateiname, wo ist der Nullpunkt und wie sind die Achsen orientiert, welche Ebenen haben wir etc. Unsere Erfahrung ist, damit stimuliert man tatsächlich die integrale Zusammenarbeit im Bauprozess.

BIM INFORMATIONS-LIEFERUNGS-HANDBUCH (ILH) GRUNDLAGEN

1. WARUM MÜSSEN WIR INFORMATIONEN EINDEUTIG AUSTAUSCHEN?

Um diese Informationen effektiver und effizienter zu speichern und wiederzuverwenden.

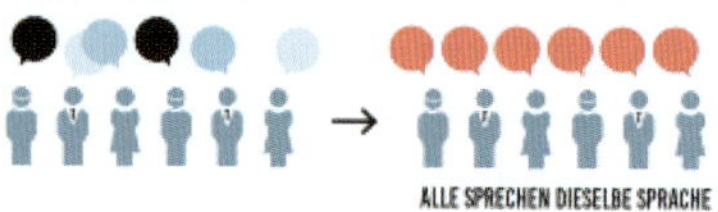

2. WIE KÖNNEN WIR INFORMATIONEN EINDEUTIG AUSTAUSCHEN?

Wissen und Erfahrungen aus der Praxis haben gezeigt, dass es bereits einen deutlichen gemeinsamen Nenner gibt. Wir entwickeln also nicht etwas gänzlich neues, sondern nutzen bereits existierende Strukturen, welche auf openBIM IFC basieren.

3. WELCHE STRUKTUR KÖNNEN WIR VERWENDEN?

Die nachfolgenden Vereinbarungen tragen dazu bei, dass die involvierten Projektbeteiligten zu jederzeit die richtigen Informationen finden und diese im richtigen Kontext bereitstellen können.

Checkliste Informations-Lieferungs-Handbuch (ILH)

3.1 DATEINAME

- ✔ Stellen Sie sicher, dass eine einheitliche und konsistente Bezeichnung der (fachspezifischen) Modelle innerhalb des Projekts gewährleistet ist.

Beispiel:
<Gebäude>_<Disziplin>_<Komponente>

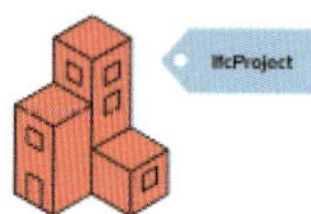

3.2 LOKALE POSITION UND AUSRICHTUNG

- ✔ Die lokale Position des Bauwerks ist abgestimmt und liegt nahe des Nullpunktes.

Tipp: Nutzen Sie ein physisches Objekt als Nullpunkt, welches an der Position 0,0,0 eingefügt und ebenfalls in das IFC-Format exportiert wird.

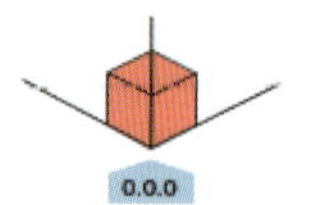

3.3 GEBÄUDEGESCHOSSE UND BEZEICHNUNG

- ✔ Bezeichnen Sie Gebäudegeschosse nur mit IfcBuildingStorey-Name.
- ✔ Weisen Sie allen Objekten das richtige Geschoss zu.
- ✔ Stellen Sie innerhalb des Projektes sicher, dass durch die Projektbeteiligten die exakte Bezeichnung konsistent genutzt wird, welche numerisch sortiert ist und eine textliche Beschreibung enthält.

Beispiel 1: 00 Erdgeschoss
Beispiel 2: 01 Erstes Obergeschoss

IfcBuildingStorey-Name

1/2 BIM Informations-Lieferungs-Handbuch (ILH) Grundlagen Version 1.0

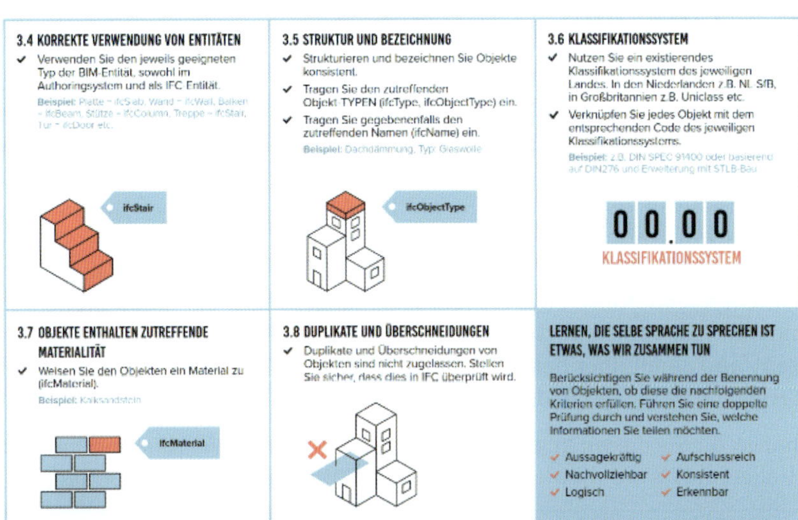

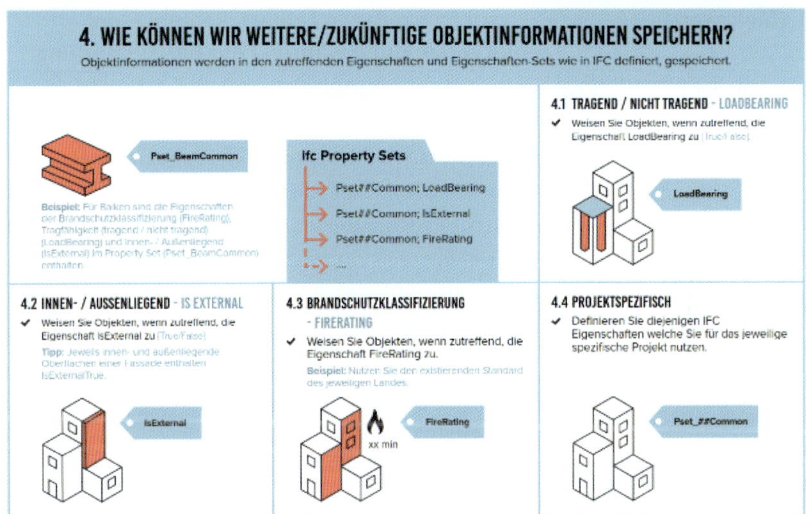

2/2 www.bimloket.nl BIM Informations-Lieferungs-Handbuch (ILH) Grundlagen Version 1.0

Bild 23: BIM Informationslieferungshandbuch (ILH)

Farb- und Materialkonzept

Auch während der Realisierungsphase kann man mithilfe von Visualisierungen am Modell alle Farben und Materialien angeben. Auf diese Art und Weise kann der Bauherr frühzeitig unmissverständliche Entscheidungen treffen, da die Auswirkungen in der Visualisierung für ihn klar erkennbar und nachvollziehbar sind. Alternativen lassen sich ohne großen Zeit- und Kostenaufwand sehr einfach aufzeigen. Außerdem ist für das ausführende Gewerk unmissverständlich die Farb- und Materialwahl, wenn nicht in der Leistungsbeschreibung definiert, beschrieben und führt zu durchgängigen harmonischen Kreationen in der Architektur. Ein ganzheitliches, mit den Bauherren abgestimmtes Gestaltungskonzept wird somit über den persönlichen Geschmack des Handwerks gestellt, eine Fugenfarbe bleibt nicht dem Zufall überlassen.

Wir haben für Sie die wichtigsten BIM-Anwendungen aus der Ausführungsphase des Hallenbads Werdohl wieder analog zum Kapitel 8 zusammengetragen:

BIM-Ziel (Mehrwert)	**Optimierung der Planungsqualität und Koordination zur frühzeitigen Fehlererkennung und Fehlervermeidung während der Bauausführung**
BIM-Anwendung	Koordination und Integration der Planung (Objekt- und Fachplanung)
Technischer Prozess	• Fachmodellbasiertes Arbeiten der Nachunternehmer • Kollaboration der Planer und Nachunternehmer am Modell • Periodische Erstellung eines Koordinationsmodells • Visualisierung nach VDI 2552 4 • Plausibilitätsprüfung nach VDI 2552 4 • Kollisionsprüfung nach VDI 2552 4 • Inhaltliche Prüfung nach VDI 2552 4 • Anschlussüberprüfung nach VDI 2552 4 • Modellbasiertes Änderungsmanagement • Periodisches Pflegen der Fachmodelle
Verantwortlichkeiten	Informationsautoren Nachunternehmer, Generalunternehmer, GesamtInformationskoordinator Generalunternehmer

BIM-Ziel (Mehrwert)	Optimierung der Planungsqualität und Koordination zur frühzeitigen Fehlererkennung und Fehlervermeidung während der Bauausführung
Technische Umsetzung	Wie schafft man denn nun die Kontrolle der verschiedenen Gewerke auf der Baustelle? Passt alles zueinander? Das kann man zunächst visuell durch Überlagerung der Modelle prüfen, um sie dann detailliert zu betrachten und in Details zoomen zu können. Oder man nutzt die Intelligenz der Software über die automatisierte Kollisionsprüfung. Wir verwenden dafür eine entsprechende Prüfsoftware (in unserem Fall SOLIBRI), in der sich auch unternehmens- oder projektspezifische Regelsätze eingeben und nutzen lassen. Die einfachste Variante: Prüfe das Modell TA gegen das Modell der Statik. Diese Kollisionen kann dann unser Koordinator aufrufen, beurteilen und als BCF-Datei an diejenigen versenden, die die Korrektur machen müssen. Eine BCF-Datei kann man am besten vergleichen mit einer PDF, die eine Verknüpfung mit dem 3-D-Modell hat. Wenn Modelle richtig modelliert und strukturiert sind, kann man eine Menge Daten und Informationen herausnehmen. Für die Kalkulation ist es natürlich wichtig, dass man die Massenermittlung darauf basierend machen kann. Wie viel m^3 Beton ist in dem Gebäude verarbeitet? Was für ein Beton: Magerbeton, Ortbeton oder Fertigteile? Wie viele Innentüren sind eingebaut, mit Brandschutzanforderungen oder ohne? Wo ist Kalksandstein verarbeitet, in welcher Stärke und Klasse, in welchem Geschoss? Wann werden sie verarbeitet und wann sollen sie dann geliefert werden (Just-in-time-Management)? Nur wenn das Modell richtig aufgebaut worden ist, kann man auf all diese Fragen auch zuverlässige Antworten erwarten. Geometrisch ist es wichtig, die Modelle nicht nur auf Kollisionen zu prüfen, sondern auch auf Toleranzen. Wenn man z. B. Filigranwände verarbeitet, muss man auch mit der Toleranz der anderen Gewerke rechnen. Auch hierzu kann man einen Regelsatz schreiben, der genau dieses kontrolliert.
Daten (benötigte Merkmale, MVD)	IFC 2x3 Coordination View, LOG & LOI gem. des Detaillierungsgrades der für die Objekt- und Fachplanung benötigten Informationen
Rahmenbedingungen, Voraussetzung	AIA, BAP, Modellierungsrichtlinie, Checkliste zur Modelleinstellung (qualitative Vorprüfung)

BIM-Ziel (Mehrwert)	Optimierung der Planungsqualität und Koordination zur frühzeitigen Fehlererkennung und Fehlervermeidung während der Bauausführung
Fazit	Die Kollisionsprüfung konnte erheblich optimiert werden, da das Bauwerk vollumfänglich über alle Leistungsphasen untersucht wurde und mit der Vertiefung der Detaillierung sukzessive fortgeführt wurde. Durch die intensive und im Intervall kurzfristigere Abstimmung aller Planungsbeteiligten ist die Planungsqualität gestiegen. Das Berichtswesen und die BCF-Nutzung erleichterten die Kommunikation, Kollaboration, Nachverfolgung sowie die Dokumentation von Planungsschritten im Nachhinein.
Wertschöpfung	Das Vorhalten von nativen Daten und der Austausch erscheint zunächst nicht als wertschöpfend, da eine doppelte Datenhaltung vorliegt, ist aber im Gesamtprozess der Koordination als notwendiger Prozess durchzuführen. Die frühzeitige Visualisierung der Koordination ist Grundlage für weniger Rückfragen und das Auffinden von Fehlplanungen auf der Baustelle, was extreme Verschwendung bedeutet hätte. Bei einem Standardbauverfahren müssen viele Entscheidungen „ad hoc“ auf der Baustelle getroffen werden. Diese Entscheidungen führen häufig zu Kostensteigerungen und Zeitverlust. Dies wird in Werdohl durch ein vollständig vorkoordiniertes 3-D-Modell verhindert. In Bezug auf die datenbasierte Bearbeitung anstelle der dokumentbasierten Erstellung der Planung ermöglicht erst dieser Prozess die Interoperabilität und ist daher wertschaffend. Wert für das Projekt: hoch

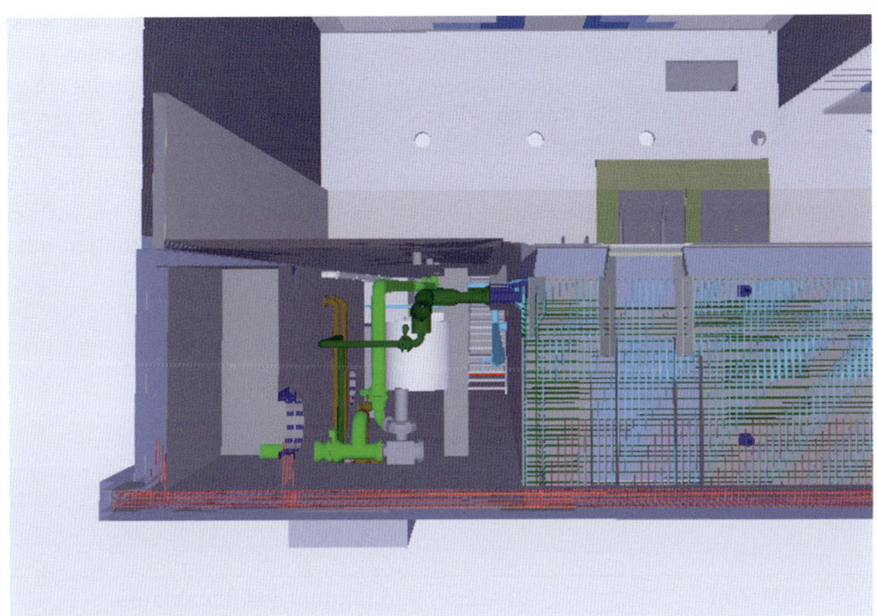

Bild 24: Koordinationsmodell Statik 3-D-Bewehrung/Badewassertechnik

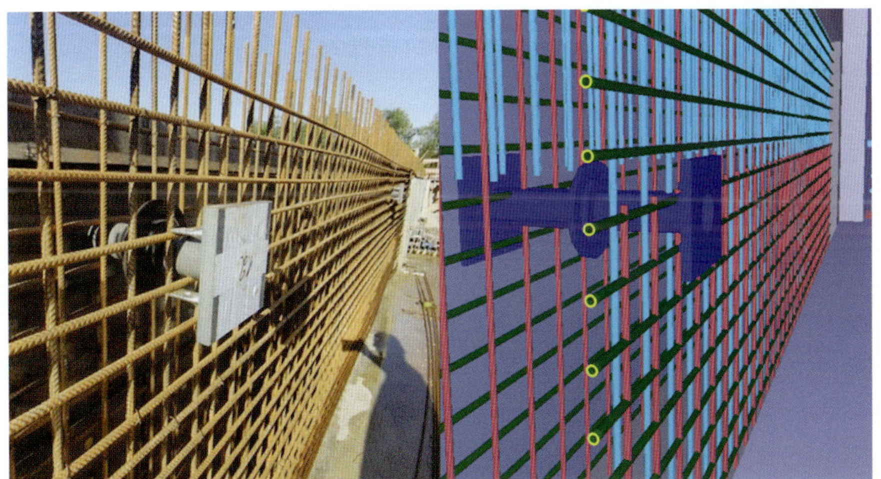

Bild 25: Koordination der Betoneinbauteile der Badewassertechnik

Im folgenden Koordinationsvideo sehen Sie die Koordination des Tragwerkmodells mit der Bewehrungsplanung der Bodenplatte des Beckens und den Beckenwänden sowie der Badewassertechnik. Die Arbeitsprobe zeigt einen Zwischenstand der Koordination. Dabei treten auch Abweichungen in Augenschein, wie Sie es am Pumpensumpf erkennen können, der in der Bewehrungsplanung eine andere Abmessung hatte. Die Maße der tatsächlich zu verbauenden Pumpen hatten sich geändert. Diese Punkte konnten im Vorfeld auf Basis der Modellkoordination beseitigt werden, ohne Verzögerungen oder Irritationen auszulösen.

BIM-Ziel (Mehrwert)	**Besseres Verständnis des Bauablaufs für alle Beteiligten**
BIM-Anwendung	Simulation
Technischer Prozess	• 4-D-Simulation • Verknüpfung zwischen Bauzeitenplan und Bauwerksinformationsmodell • Bereitstellung des 4-D-Plans für den Bauherrn und alle Projektbeteiligten in einer Animation
Verantwortlichkeiten	Projektkoordinator, Projektleiter GU, Informations-Gesamtkoordinator GU
Technische Umsetzung	Basierend auf dem in der CAD-Autorensoftware ArchiCAD erstellten Modell wird mit dem IFC Export und des im SYNCHRO erstellten Bauzeitenplans (ähnlich wie in MS-Projekt) eine Verknüpfung hergestellt. Alle Bauteile aus dem Modell werden mit der Zeitschiene im Bauzeitenplan verbunden (Start und Dauer). Hiermit kann man nun tagesgenau den Zwischenstand am Modell simulieren. Ein 3-D-Modell stellt dabei ja den Endzustand dar, das 4-D-Modell ist immer eine Zwischenphase. Pro Tag/Woche kann man so die Fortentwicklung sehen und plausibilisieren, was realisiert sein sollte und entsprechend direkt den Soll-Ist-Zustand auf die Baustelle vergleichen. Die 4-D-Simulation des Feinterminplans sehen Sie hier:

BIM-Ziel (Mehrwert)	**Besseres Verständnis des Bauablaufs für alle Beteiligten**
(Fortsetzung)	
Daten (benötigte Merkmale, MVD)	Native BIM-Modelle, IFC 2X3, Bauzeitenplan im Synchro. Es kann eine .mp4-Datei exportiert werden, um sicherzustellen, dass die Simulation für jedermann lesbar ist. Zusätzlich exportierte PDF-Dateien können in den Jour Fixes gemeinsam besprochen werden.
Rahmen-bedingungen, Voraussetzung	Klassifikation GU, IFC-Entitäten
Fazit	Das 4-D-Modell hat uns bereits in der Angebotsphase geholfen, die Entscheidungen hinsichtlich des zu verwendenden Bausystems zu treffen. Es wurden Vergleiche zwischen Stahlkonstruktion oder vorgefertigten Stahlbeton-Stützen und Wänden vorgenommen. In der Ausführungsphase unterstützt das 4-D-Modell die Verständlichkeit und ist Grundlage für den Lean-Prozess.
Wertschöpfung	In einer frühen Phase und fortlaufende Einsicht in Bauablauf, Bausystem und Logistik sowohl in Bezug auf Kosten als auch auf Zeiten. Wert für das Projekt: sehr hoch

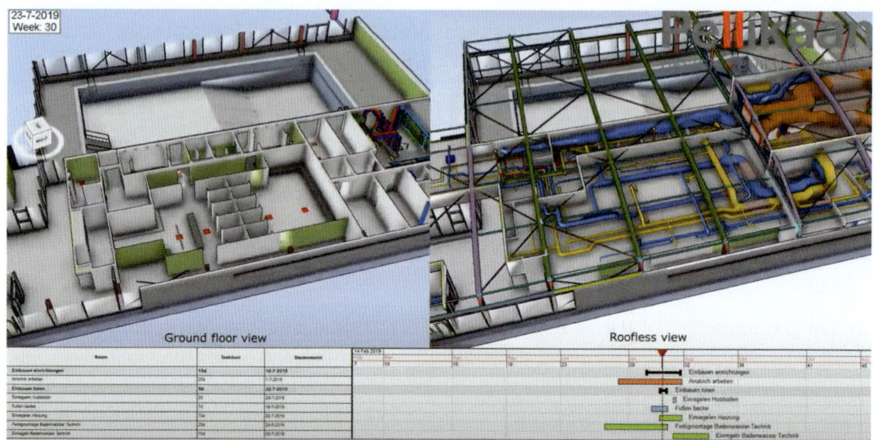

Bild 26: Bauablaufsimulation 4-D als unter Berücksichtigung der Gewerke

Wir haben die 4-D-Modelle auch bis zu einer „As-built 4-D Dokumentation" weitergepflegt, mit welcher wir visualisieren und evaluieren, wie der geplante Ablauf im Vergleich mit dem tatsächlichen Bauablauf übereingestimmte. Dieses Vorgehen dient maßgeblich unserer Lernkurve für kommende Projekte und hilft, die Einschätzung von einzelnen Arbeitsabläufen zu validieren. Eine Gegenüberstellung finden Sie hier:

Dieses waren die bereits durchgeführten Anwendungen im Projekt Werdohl. Wir beschreiben jedoch in diesem Buch auch einige weitere digitale Anwendungen, die wir derzeit nun zusätzlich auf unseren Baustellen einsetzen.

Dabei setzen wir auch zunehmend unsere Drohne ein, um einen 3-D-Scan von Geländeoberflächen zur Aufnahme der Topografie durchzuführen. Die hier entstehende Punktwolke überführen wir durch Modellierung eines Bestandsmodells in ein 3-D-Modell des Geländes mit allen Höhen. Dieses verwenden wir dann zur Koordination mit dem 3-D-Bauwerksinformationsmodell des Gebäudes. Somit haben wir dann die Möglichkeit, die genauen Erdarbeiten zu bestimmen. Wo müssen wir aufbringen, wo müssen wir ausgraben, wie viel Boden muss abgelagert werden? Dies ist unstrittig ein sehr kostenrelevanter Faktor, der einen großen Einfluss auf den Angebotspreis haben kann. Im folgenden Videobeitrag sehen Sie visuell den Anwendungsfall der modellbasierten Mengen- und Massenermittlung auf Basis einer Punktwolke:

Weiterhin haben wir die Ergebnisse der 4-D-Simulation nun fest in unsere Lean-Abwicklung integriert, in dem anschaulich den Vorarbeitern und auch anderen Gewerken der Bautenstand aufgezeigt wird.

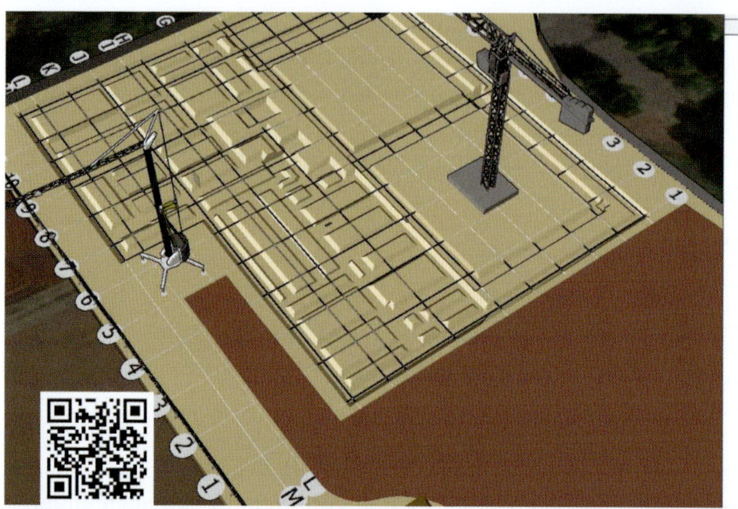
Schachtwanden

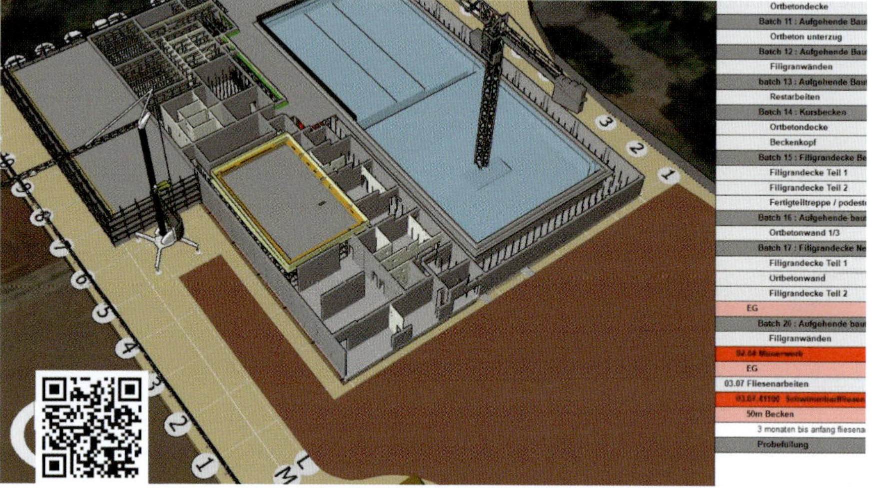
Ortbetondecke
Batch 11 : Aufgehende Bau
Ortbeton unterzug
Batch 12 : Aufgehende Bau
Filigranwänden
batch 13 : Aufgehende Bau
Restarbeiten
Batch 14 : Kursbecken
Ortbetondecke
Beckenkopf
Batch 15 : Filigrandecke Be
Filigrandecke Teil 1
Filigrandecke Teil 2
Fertigteiltreppe / podest
Batch 16 : Aufgehende bau
Ortbetonwand 1/3
Batch 17 : Filigrandecke Ne
Filigrandecke Teil 1
Ortbetonwand
Filigrandecke Teil 2
EG
Batch 20 : Aufgehende bau
Filigranwänden
EG
03.07 Fliesenarbeiten
50m Becken
3 monaten bis anfang fliesena
Probefüllung

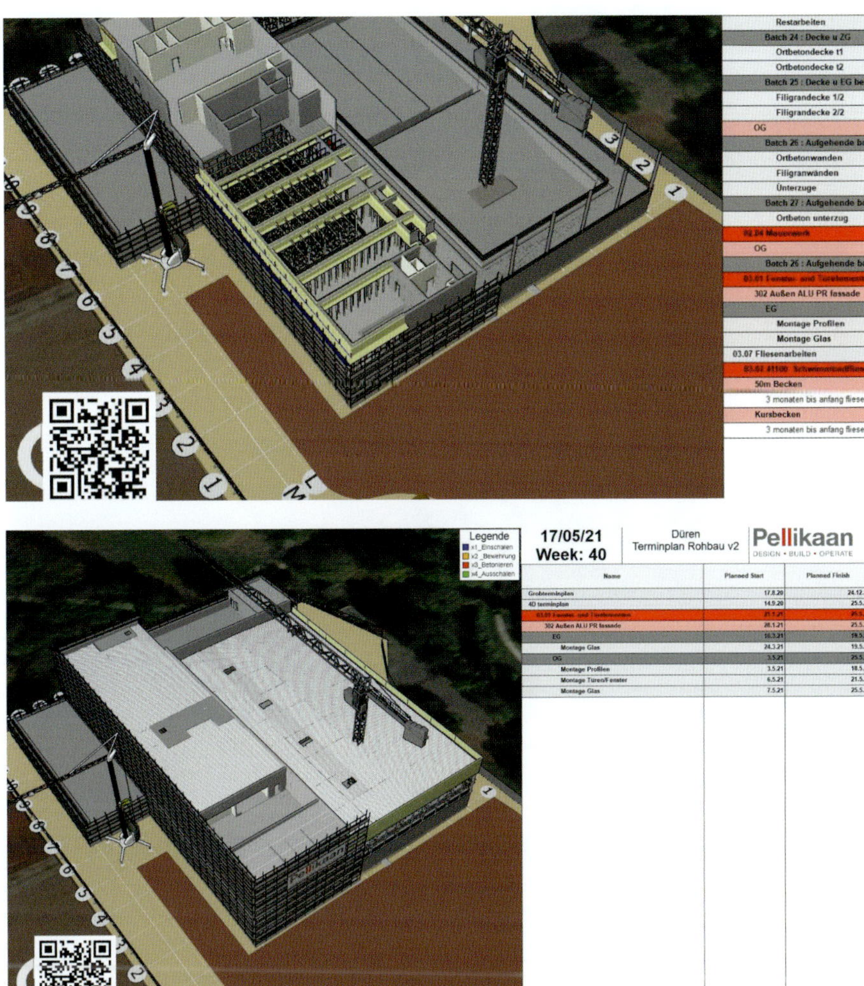

Bild 27: Wochenansicht aus 4-D-Simulation für Lean Construction

Bild 28: Nutzung Bauablaufsimulation 4-D als Grundlage für die 6-Wochen-Vorschau der Aktivitäten

Die Prozesse der BIM-Anwendung und des Lean-Construction bedurften auch räumliche Veränderungen in unserer Firmenzentrale in Tilburg (NL). Coworking Spaces sind in den Niederlanden sowieso schon lange nichts Neues mehr. Wir haben in diesem Zusammenhang aber zusätzlich auch einen „Sprintroom“ eingerichtet, um die SCRUM-Methode weiter zu implementieren und zu ermöglichen. Dieser Raum ist kein Standard-Besprechungsraum, sondern eine inspirierende „Kabine“ mit motivierenden Plakaten an den Wänden und Stehtischen anstelle von Schreibtischen, welche die Kommunikation wirklich unterstützen.

Ständige Sitzungen und lange Besprechungen sind in den Niederlanden schon lange kein Hype mehr. Laut Wissenschaft ist eine Sitzung ohne Stühle 34 % schneller und darüber hinaus erhöht sich laut Wissenschaftlern sogar unsere Lebenserwartung, wenn wir weniger sitzen.

Eine weitere bauliche Auswirkung ist unser BIM-Kollaborationsraum mit der „Koordinationsbühne“, hinter der nun der Sitz unseres digitalen Support-Teams (DST) ist, welches kontinuierlich an der Entdeckung, Entwicklung und Implementierung neuer Anwendungen arbeitet. Wir stehen erst am Anfang der digitalen Revolution im Bauprozess. Viele weitere Anwendungen werden folgen.

Bild 29: DST-Team mit Kollaborationsbereich (oben) und SCRUM-Raum (unten)

Wir konzentrieren uns nun zunehmend auf die weitere Digitalisierung unserer Prozesse und nutzen dazu auch BI-Tools (Business Intelligence). Wie können wir alle verfügbaren Daten (und noch mehr) nutzen? Als PELLIKAAN Bauunternehmen verfügen wir über eine Referenzliste von mehr als 1000 realisierten Projekten in Europa. Wie können wir sicherstellen, dass das dadurch gewonnene Know-how auch im gesamten Unternehmen bekannt ist und auch genutzt wird, um unsere aktuellen und zukünftigen Kunden noch besser zu bedienen? Zu diesem Zweck haben wir ein Data Warehouse eingerichtet, mit dem wir alle uns zur Verfügung stehenden Daten verknüpfen können. Dabei handelt es sich um Daten aus Kalkulation, aus der Finanzverwaltung, Listen von Subunternehmern, Daten zu den Bauzeiten, Abweichungen im Bereich des Einkaufs, Mengen, der Personalbesetzung, Ausführungsdetails usw. Diese Datenbank ist für uns von unschätzbarem Wert und auf diese Weise machen wir sie innerhalb unseres Unternehmens umfassend nutzbar.

Ein Erfolgsfaktor unserer Arbeit ist es aber insbesondere, ein gutes Nachunternehmernetzwerk zu haben, welches die Besonderheiten der Spezialimmobilie Schwimmbad kennt und nunmehr auch digital mit uns zusammenarbeiten kann. Dazu mehr im nächsten Kapitel.

11 Digitales Miteinander der Nachunternehmer *Wer spielt mit?*

Im Projekt Werdohl haben wir nun bereits mehrere Modellbeiträge kennengelernt. Von den planenden Disziplinen in Form von Architektur, Tragwerksplanung und Haustechnikmodell bis zum Kalkulations- und Konstruktionsmodell und 4-D-Modell beim Generalunternehmer. Aber was kann ich von den ausführenden Gewerken heute schon erwarten und wird der Fliesenleger wirklich gemäß AIA seine Daten dem Modell beifügen?

Wollen wir uns der Frage doch zunächst über die Relevanz nähern. Wenn wir es zukünftig auch bei BIM-Projekten mehr mit Einzelgewerkvergaben zu tun haben, muss geklärt werden, wer die relevanten Informationen den Modellen beiführt. Heute ist es meist die Aufgabe eines Generalunternehmers, die Informationen weiterzuführen und zum „As-built Modell“ anzureichern. Dabei ist die eventuell nicht vorhandene BIM-Konformität des Nachunternehmers durch die Einpflege der Konstruktions- und Bauproduktdaten durch den Generalunternehmer kompensiert. Doch wenn eine andere Vergabeform gewählt wird, muss dieses entweder durch den Architekten oder durch das Gewerk selbst erfolgen. Natürlich ist es von Vorteil, wenn das ausführende Gewerk mit eigenen Beiträgen an der Koordination während der Ausführungsphase einen Modellbeitrag an Stelle der Werk- und Montageplanung liefert. In unserem Projekt war dies bei den Gewerken Stahlbau, Betonfiligranwände, Badewassertechnik inkl. der Betoneinbauteile und dem Lüftungsbau bereits der Fall.

Auch schon die Geometrie aus der Planungsphase kann einem Betrieb des Bauhauptgewerbes von Hilfe sein. Unsere Erfahrung zeigt, dass schon das verlässliche Bereitstellen von Mengen und Massen und ein IFC-Modell für die Angebotsphase beim Gewerk eine Erleichterung darstellt. Erst mit dem Bereitstellen von Mengen und Massen steigt bei der Hochkonjunkturphase die Chance, überhaupt ein Nachunternehmerangebot zu erhalten. Der Aufbau der Kompetenz zum Umgang mit solchen Modellbeiträgen beim Handwerk ist dabei überschaubar und schafft schnell einen hohen Mehrwert. Die Geometriebeiträge (eigene Fachmodelle) durch die ausführenden Betriebe sind dabei insbesondere in der Koordination auf der Baustelle von Relevanz, wobei hier beispielhaft die Koordination der Schlitz- und Durchbruchplanung mit den Filigranwänden des Kellergeschosses benannt sei.

Der entscheidende Informationsbeitrag, welcher auch in der Betriebsphase genutzt werden kann, liegt jedoch in der Alphanumerik. Eine einheitlicher, standardisierte Datenanforderung besteht dabei noch nicht. Es ist aber zu beobachten, dass die Bereitstellung und Integration ganzer BIM-Bauteile (BIM-Objekte) zu unflexibel sind, da die Alphanumerik in Bezug auf den Modellentwicklungsgrad und die BIM-Anwendung nicht ausreichend gesteuert werden kann. Merkmalserver ersetzen diesen Weg zunehmend und erlauben auch die geometrieunabhängige Autorenschaft sowie, ein Bauteil quasi mit einer Pipette mit Produktinformationen zu infizieren. Dabei ist zu bedenken, dass es durchaus – wie in unserem Schwimmbadprojekt – auch Bauprodukte gibt, die keine eigene Geometrie besitzen, beispielsweise Betonzusätze oder Epoxybeschichtungen. Da gilt es dann, einen Träger zu finden, der die Geometrie bereitstellt und die Produktinformation aufnimmt. In Werdohl war dies z. B. der Estrich im Beckenumgang, der der Epoxybeschichtung alphanumerisch ein „Bauteil-Zuhause" gab. In unseren Projekten sprechen wir, analog zu automobilen Erlkönigen, hierbei von einem Mule (Bauteil, welches die alphanumerischen Informationen eines weiteren bzw. beinhalteten Objekts aufnimmt).

Die notwendigen Standards für Bauproduktdaten werden derzeit beim CEN und aber auch in den diversen Verbänden, wie dem Verband der Deutschen Bauchemie in Form eines Produktdatentemplates erarbeitet.

Ein einfacher Weg, der digitalen Dokumentations- und Revisionsunterlage näherzukommen, ist auch die Verknüpfung eines Bauteils über eine URL zum im CDE liegenden Produktdatenblatt.

Die zunehmende Akzeptanz der Methode BIM und die Unterstützung durch die Kammern und Verbände wird die Möglichkeit der Integration von Modellbeiträgen von Nachunternehmern (sei es geometrisch oder alphanumerisch) zukünftig deutlich erhöhen, zumal auch für die beteiligten Unternehmen Mehrwert zu erwarten ist.

Den Abschluss der Realisierungsphase stellt das „As-built-Modell" dar, welches durch die Fortschreibung während der Ausführungsphase das „As-planned-Modell" ablöst. Dazu kann die Geometrie durch einen Scanabgleich stetig aktualisiert und mitgeführt werden. Es gilt zu bedenken, dass bei der Einzelgewerkvergabe die Fortschreibung der LP 5 während der Bauphase als besondere Leistung berücksichtigt werden sollte. Außerdem ist der Detaillierungsgrad insbesondere in der Alphanumerik oft deutlich über die Bringschuld nach HOAI und VDI 6026 (Dokumentation in der technischen Gebäudeausrüstung) hinausgehend und sollte werkvertraglich geregelt werden.

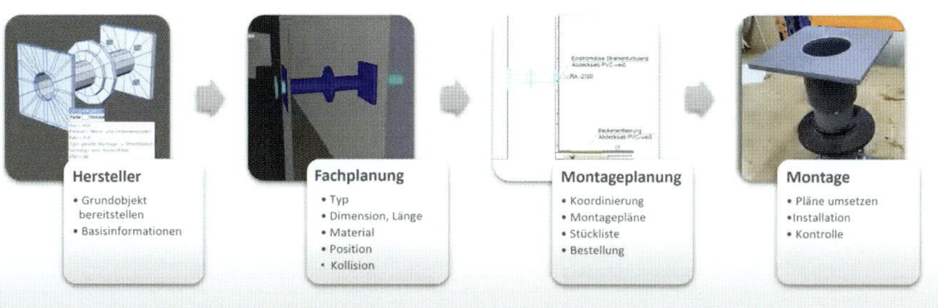

Bild 30: Wandeinbauteil Fa. Aquila Badewassertechnik

Im folgenden Videobeitrag wird der Staffelstab zwischen den ausführenden Gewerken und den Produktherstellern am Beispiel des Hallenbades Werdohl für Sie anschaulich weitergereicht ...

12 Bauen mit Lean

Ein optimierter Bauprozess ohne Stress!

Wir haben gesehen, dass die Zahl der digitalen Anwendungen im Bauprozess stetig ansteigt und dass z. B. die 4-D-Simulation eine Visualisierungsart ist, die den Lean-Prozess aktiv unterstützen kann. Im folgenden Beitrag von Christ Swinkels, Projektleiter der Firma PELLIKAAN, erfahren wir am Projekt Werdohl die Einsatzmöglichkeiten von Lean Construction und welche Erfahrung gesammelt werden konnte.

Herr Christ Swinkels ist Diplom-Bauingenieur und seit über 25 *Jahren bei der Firma PELLIKAAN* tätig. *Er hat als Projektleiter bereits in mehreren europäischen Ländern Bauvorhaben realisiert. Zudem bringt er viel Erfahrung im Bereich des Projektmanagements mit ein und ist innerhalb der Firma Pellikaan bekannt für seine Lean-Prozesse auf den Baustellen.*

Zunächst möchten wir beschreiben, wie wir im Werdohl-Projekt mit der Lean-Methode in der Ausführung umgegangen sind. Dazu möchten wir zunächst die verschiedenen Aktionen Schritt für Schritt beschreiben:

- Auf der Grundlage der Vertragsplanung erstellte der Projektleiter eine Zielplanung mit Festlegung der Meilensteine.
- Die Zielplanung wurde mit dem gesamten Team, bestehend aus dem Bauleiter, dem Projektkoordinator und Projektleiter, besprochen und diskutiert.
- Auf der Grundlage dieser Diskussion wurden dann vom Projektleiter Anpassungen und Änderungen vorgenommen und die Zielplanung abgeschlossen. Das Ergebnis wurde als ausgedruckter Plan im Container des Bauleiters und in den Besprechungsräumen für alle Beteiligten gut einsehbar aufgehängt.
- Basierend auf der Zielplanung schloss der Projektleiter die Verträge mit den Subunternehmern terminlich ab. In dieser Kommunikation und anschließenden Diskussionen wurde nun auch angekündigt, dass nach der Lean-Methode gearbeitet wird und was das für jeden Einzelnen bedeutet.
- Das Projekt wurde in zwei Phasen unterteilt:
  - Rohbau: Diese Phase bestand so lange, bis das Gebäude gegen Wind und Wasser geschlossen war.
  - Innenausbau: Mit dieser Phase wurde begonnen, als die Stahlkonstruktion einschließlich der Fußböden fertig war. Dazu gehörten auch der Beginn der Mauerwerksarbeiten und der Installationsarbeiten über dem Erdgeschoss.

Rohbau-Phase

In dieser Phase wurde zunächst der Rohbau in 4 „Batches“, also Chargen, unterteilt:

1. Schwimmbad einschließlich des Untergeschosses
2. Nebentrakt/Umkleidetrakt
3. Obergeschoss (Technikzentrale)
4. Fassaden/Dach

Bei der Festlegung dieser „Batches“ war es wichtig, den Entwurf und die Ausführung im Auge zu behalten. Als Team haben wir Änderungen am Entwurf vorgenommen, die die Ausführung einfacher und damit schneller machten. Beispielsweise wurde beschlossen, einen Fundamentstreifen mit Pfählen und Balken in eine Wand umzuwandeln, die auf einer Seite einen zusätzlichen Kellerraum um das Becken im Untergeschoss ergab. Wir senkten auch den Boden des Technikkellers um 30 cm ab, sodass er mit dem Boden des Beckens eine Einheit bildete (geringere Fehlerwahrscheinlichkeit und wasserdichte Wanne).

Die zuvor beschriebenen „Batches“ wurden auf der Zeichnung vom Bauleiter farblich gekennzeichnet (s. Abb. 32). Damit betrachteten wir insbesondere auch die „Lagerkapazität“ von Materialien auf der Baustelle pro Subunternehmer, die verschiedenen Kranpositionen usw.

Als Projektleiter bestimmten wir die Meilensteine und Projektgates wie Start Stahlbau, Dach- und Wandverkleidung, Lieferung der Filter für die Badewassertechnik, Fertigstellung des Bades und den Beginn der Probefüllung des Beckens zur Prüfung der Wasserdichtheit.

Für die Vorbesprechung mit den Subunternehmern (Erdarbeiten, Rohbau, Stahlkonstruktion, Dach und Wand, Wasseraufbereitung, Lüftung, Elektro, Heizung-Sanitär) wurden bereits alle notwendigen Daten zur Information im Vorfeld zugesandt (Meilensteine/Zeichnung mit „Batches“). Zum Beginn der Auftaktbesprechung stellte sich jeder Beteiligte zunächst vor, der Zweck der Besprechung und der transparenten Kommunikation wurde nochmals erläutert und auf Grundlage der Informationen die Diskussion über die Leistung/Planung zwischen den betreffenden Subunternehmern eingeleitet. Wenn es Fragen gab, stand das PELLIKAAN-Team zur Verfügung und/oder stellte Fragen an die Subunternehmer. Am Ende des ersten Treffens wurde ein Folgetermin vereinbart (eine Woche später), um die Lean-Planung dezidiert vorzunehmen. Jeder Teilnehmer konnte seine Post-its in Farbe und Größe nach eigenem Belieben für die Vorbereitung im Baubüro mitnehmen.

Während der ersten Lean-Sitzung begannen die Subunternehmer mit der Anbringung der Post-its auf der Wand, wodurch eine gewünschte Diskussion zwischen den verschiedenen Subunternehmern entstand, um die Arbeiten zu koordinieren. Auf dem „Flip-over“-Chart konnten stets Fragen gestellt werden, die am Ende der Sitzung beantwortet wurden.

Bild 31: Auftaktbesprechung mit den beteiligten Gewerken

Nachdem alle Arbeiten und Leistungen notiert und dokumentiert waren, hat jeder Subunternehmer sie den übrigen Beteiligten vorgestellt und erklärt. In dieser Sitzung wurde also geprüft, ob diese Arbeiten mit den anderen Arbeiten übereinstimmen, und so konnten Engpässe frühzeitig vor Ort gelöst und angepasst werden. Als Ergebnis dieser gegenseitigen Koordination musste in unserem Projektbeispiel beispielsweise ein Meilenstein, der Beginn der Stahlkonstruktion, verschoben werden, was dann auch gut funktioniert hat. Das Endergebnis wurde für alle dokumentiert.

Die Vorarbeiter der Subunternehmer hielten nun täglich ein „Cockpit-Meeting“ mit unserem Bauleiter ab, in dem der Stand der Planung und Ausführung erläutert wurde. Hier diskutierten wir darüber, was gestern gemacht wurde, was heute geschieht und was morgen geschehen wird. Wenn es Probleme gab, wurde stets gemeinsam nach einer Lösung gesucht.

Innenausbau-Phase

Was die Schritte betrifft, so entspricht diese Phase in etwa der Phase des Rohbaus. Wir haben diese Phase erneut in die folgenden „Batches“ unterteilt:

1. Schwimmhalle (A)
2. Foyer (F)
3. Dusche und Toilette (B)
4. Umkleidebereich (E)
5. Personaltrakt (D)
6. Technikbereich Keller
7. Technikbereich Erdgeschoss (B)
8. Technikbereich Obergeschoss

Die „Batches“ wurden erneut vom Bauleiter auf der Zeichnung mit Farben für jedes Gewerk ersichtlich markiert.

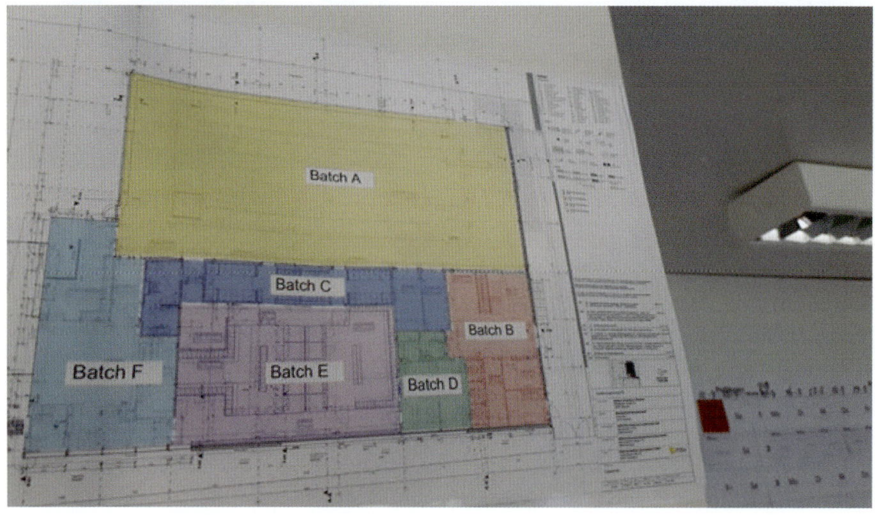

Bild 32: Abbildung der Batches

Darüber hinaus haben wir wiederum Orte angegeben, an denen die Subunternehmer ihre Materialien lagern können, sodass wir die Baustelle klar strukturieren konnten.

Für die Vorbesprechung mit den Subunternehmern (Mauerwerk, Schreiner, Fliesenleger, Wasseraufbereitung, Lüftung, Elektro, Heizung-Sanitär) wurden erneut alle notwendigen Daten zur Information im Vorfeld zugesandt (Meilensteine/Zeichnung mit „Batches“).

Im Anschluss haben wir dann mit den verschiedenen Subunternehmern Kontakt aufgenommen und sie gebeten, uns schriftlich über die Dauer ihrer Arbeit zu informieren, damit der Bauleiter dies bereits auf der Lean-Planung vermerken kann. Dabei sind insbesondere auch Firmen für Innentüren, Hubböden, Malerarbeiten, Schlosserarbeiten, Schränke und Möbel zu berücksichtigen. Die Arbeitsleistung dieser Unternehmen ist aufgrund der Dauer und des Zeitpunkts, zu dem sie beginnen müssen, relativ einfach zu planen und zu überwachen.

Die Auftaktbesprechung sowie die Taktung und Kommunikationsstruktur „Innenausbau“ erfolgt analog der zuvor beschriebenen Rohbauphase. Zur Digitalisierung und Dokumentation wurde die Software KYP genutzt.

Aufgrund dieser intensiven Vorarbeit mit den Nachunternehmern entstand eine bessere Zusammenarbeit auf der Baustelle. Jeder Subunternehmer erstellt seine eigene Zeitenplanung und trug eben auch die Verantwortung hierfür. Es wurde nichts „von oben“ auferlegt. Ein solches Vorgehen führt automatisch auch zu mehr Verständnis für die Arbeit der anderen Nachunternehmer. Zur Vermeidung von Missverständnissen und Inkonsistenzen ist dies ein notwendiger Prozess, der mit einem gewissen technischen und organisatorischen Aufwand extrem wertschöpfend ist.

Als Building Management Software verwendeten wir LetsBuild, um den Fortschritt und die Qualität unseres Bauprozesses zu erfassen und zu garantieren. Unsere Bauleiter nutzten auf der Baustelle iPads, auf welchen sich das 3-D-Modell einsehen ließ. Die Bauleiter signalisierten den Fortschritt und hielten ihn fotografisch in der Applikation fest. Integrierte Checklisten vereinfachten die Überprüfung und Genauigkeit. Eine schnelle und einfache Kommunikation mit unseren Subunternehmern war somit über die Applikation sofort gewährleistet.

Wir verwendeten das genannte System (als Bestandteil des CDE) auch für die Abnahme. Gemeinsam mit dem Bauherrn und dem Projektsteuerer wurden auf diese Weise die Abnahmepunkte erstellt und alle Mängel im System erfasst. Das bedeutete, dass auch die Überwachung der Mängelabwicklung digital erfolgte und reportet wurde.

DAS NEUE BAUEN mit BIM und Lean hat uns nun im Bereich des Planens und Bauens drastischen Mehrwert bereitgestellt, welcher jedoch noch im Betrieb um ein Vielfaches erhöht werden kann – sofern es denn richtig vorbereitet ist.

13 Baden 4.0

Was ist der Mehrwert eines digitalen Zwillings im Betrieb?

Sie erinnern sich noch an das Akronym BIM-BAM-BOOM aus Kapitel 8? Demnach soll doch nun der größte Mehrwert digitaler Methoden in der Betriebsphase von Bauwerken liegen, welche ja auch die längste Phase im Lebenszyklus darstellt.

Zunächst sollten wir uns die Frage stellen, was denn der Betrieb überhaupt ist und wer da überhaupt betreibt. Und hier unterscheiden sich die Assetklassen und die Betriebsarten erheblich. Ein Projektentwickler hat ein anderes Verständnis vom künftigen Betrieb als ein institutioneller Investor, ein Corporate Real Estate Manager CREM oder ein Public Real Estate Manager PREM. Funktionserhalt, Substanzerhalt, Werterhalt sowie Verfügbarkeitserhalt haben für sie unterschiedliche Stellenwerte. Die Informationsbedarfe sind dabei in den Bereichen Asset-, Property- und Facility-Management sehr unterschiedlich. Grundsätzlich sollten wir aber auch in der Betriebsphase über Anwendungen und dazugehörige Informationsanforderungen im BIM-Kontext sprechen.

Das digitale Betreiben von Bauwerken ermöglicht heute schon der Einsatz von CAFM- und ERP-Systemen. Der große Unterschied ist dabei, dass durch die BIM-Methode die Informationen, welche heute oft mühsam aus dezentralen Quellen zusammengetragen werden müssen, konsistent in Modellbeiträgen vorliegen. Grundlage bietet dabei das zuvor beschriebene „As-built-Modell“, welches zum Zeitpunkt der Übergabe vom Errichter an den Betreiber übergeben wurde und den tatsächlichen verbauten Zustand darstellen soll.

Dabei ist jedoch nur eine Teilmenge der Daten für den Betrieb relevant, welche über eine Filterfunktion wie eine Model View Definition (MVD) extrahiert werden kann. Diese IFC-Teilmenge steht für bestimmte Anwendungen zur Verfügung. Die bereits heute einführten MVD zu diesem Zweck sind COBie, CAFM-Connect inkl. der BIM-Profile.

Die auf diese Weise entstandene Grundlage für einen „Performance-Twin“ schafft eine digitale Repräsentanz in Form von Bestandsdaten, welche mit Ereignisdaten am entsprechenden Bauteil verknüpft werden können. Das bedeutet, dass die Ereignisdaten aus der Gebäudeautomation, dem Energiemanagement oder der Beleuchtung entsprechend mit einer IFC-Repräsentanz bei der Inbetriebnahme „verheiratet“ werden.

Wie nähere ich mich den jetzt den Informationsanforderungen, welche ich bestenfalls vor dem Projektsetup bereits definiert habe? Der erste Ansatz zur Maschinenlesbarkeit ist die Klassifizierung der Bauteile. Dabei bietet sich international das COBie-Format an. In Deutschland ist die DIN 276 für Bauteile und die DIN 277 für Räume eingeführt und damit eine weitere Klassifikationsmöglichkeit.

Lassen Sie uns nun aber einmal konkret, am Beispiel der Assetklasse Schwimmbad, überlegen, was denn Betrieb überhaupt bedeutet. Stefan Studer unterteilt die Bereiche des Bäderbetriebs in Facility Management, Marketing und Gästebetreuung. Im folgenden Fachbeitrag beleuchtet er die Anwendungen (Use Cases) in der Betriebsphase, schafft einen Überblick über die dazu relevanten Informationen und gibt einen Ausblick auf mögliche Einbindung von Sensorik, IoT und dem Annähern an das Baden 4.0. Im zweiten Teil des Kapitels stellt sich Christian Frey, Siemens SI, dazu die Frage, warum ein Unternehmen wie Siemens eine Standardisierung für BIM braucht.

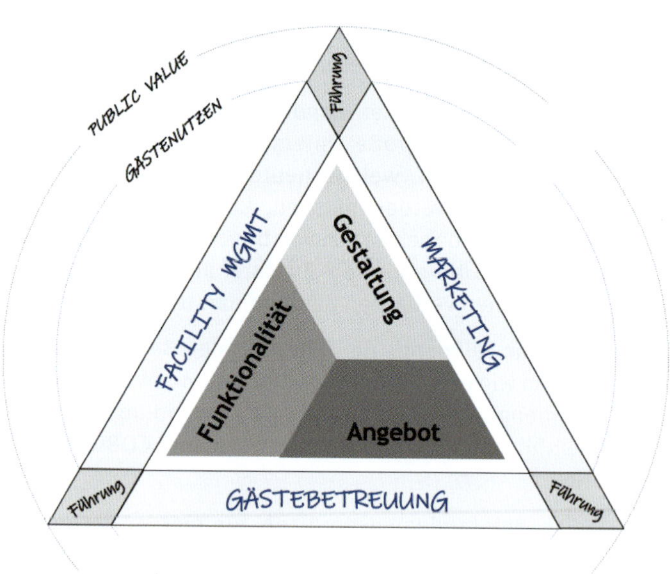

Quelle: Kannewischer Management AG

Bild 33: Die drei Bereiche des Bäderbetriebs

Was ist der Mehrwert eines digitalen Zwillings im Betrieb?

Der Digitalisierungs- und Automatisierungsgrad im Bäderbetrieb ist derzeit noch sehr gering und geht kaum über vereinzelte Standalone-Systeme und Insellösungen hinaus. Ein Badbetreiber möchte aber jederzeit wissen, was in seinem Bad „los“ ist. Wünschenswert wäre also eine handlungsorientierte Datenaufbereitung für noch bessere und effizientere Entscheidungen im Marketing und Facility Management, in der Gästebetreuung und im Führungsbereich.

Inbetriebnahme

Betriebliche Aufgaben beginnen nicht erst bei der Eröffnung eines Bades: Schon die Phase der (technischen) Inbetriebnahme mit der Abnahme der technischen und baulichen Anlagen will intensiv begleitet sein, sei es zur Mängelfeststellung und -behebung, sei es bei der Einweisung durch die Hersteller, oder auch bei der Anpassung der Anlageneinstellungen an die Anforderungen des jeweiligen Bades.

Hier können wir uns eine Zukunft vorstellen, in der die Schulung der Mitarbeiter*innen bereits virtuell erfolgen kann, wie auch das Einregulieren der Anlagen sowie die Programmierung optimierter Abläufe und Betriebszustände. Dank aussagekräftiger Simulationen können beispielsweise vorausschauend Strom-Spitzenlasten reduziert und damit Kosten gespart werden, bevor noch ein einziger Gast das Bad besucht hat. Die vorgenommenen Einstellungen werden im Anschluss schlicht aus dem digitalen Zwilling in die realen Geräte und Anlagen überspielt.

Indem alle festgestellten Mängel direkt im Zwilling digital hinterlegt werden, wird die Nachverfolgung erleichtert. Kombiniert mit Workflow-Systemen kann bis zu einem gewissen Grad auch die Kommunikation unter den beteiligten Firmen automatisiert werden – von der Beauftragung/Bestellung über die Terminierung bis zur Vollzugsmeldung. Da aber bereits in der Bauphase mittels Augmented Reality ein effizienter Plan-Ist-Abgleich erfolgt, kann unmittelbar reagiert und die Anzahl der Mängel deutlich reduziert werden. Dadurch wird der Betrieb insbesondere in den hektischen ersten Wochen und Monaten entlastet und kann sich auf das Wesentliche fokussieren – auf die Badegäste.

Betrieb

Darüber hinaus kann mit hinterlegten Wartungs-, Instandhaltungs- und Instandsetzungszyklen von allem Anfang an eine rollierende Aufgaben- und Investitionsplanung generiert werden. Auch hier ist die nahtlose Einbindung externer Partner für die Auftragsabwicklung ein wünschenswertes Zukunftsszenario.

Wenn bei der Ausführung von Reparaturarbeiten die Handwerker mithilfe einer Augmented-Reality-Brille gleichzeitig das digitale Modell vor Augen haben, können zudem unangenehme Fehler wie bspw. das versehentliche Durchtrennen einer falschen Leitung vermieden werden.

Damit Reparaturen erst gar nicht nötig werden, sind zahlreiche Fühler und Sensoren in abgehängten Decken, außerhalb der Dampfsperren und an anderen neuralgischen Punkten installiert. Sie helfen mit, Bauschädigungen wie Korrosion oder Undichtigkeiten vorzubeugen.

Ein virtuelles Modell des Bades kann auch bei der Einübung der Reinigungsabläufe helfen. Da künftig alle Oberflächen und Einbauten im BIM-Modell mit Pflegehinweisen verknüpft sind, lassen sich Arbeitspläne (halb-)automatisiert erstellen und die Reinigungsmitarbeiter*innen können sich einem Gamification-Ansatz folgend spielerisch mit den Dos und Don'ts vertraut machen – damit bspw. der Einsatz falscher Reinigungsmittel höchstens Spielpunkte kostet und keinen Schaden am realen Bauwerk anrichtet.

Wie die Corona-Pandemie drastisch vor Augen führte, ist der Stellenwert einwandfreier Hygiene kaum zu überschätzen – Bäderbetreiber wissen dies sprichwörtlich seit Urzeiten. So hat auch die tägliche Kontrolle der (eventuell durch Dritte erbrachten) Reinigungsleistung eine hohe Wichtigkeit. Endlich entfällt das mühsame Protokollieren und Weiterleiten von Beanstandungen – das digitale Modell ermöglicht die intuitive und effiziente Mängelerfassung sowie Nachverfolgungsfunktionalitäten wie beispielsweise den Anstoß zur Erledigungskontrolle und das Hervorheben wiederholt auftretender Mängel.

Damit sind aber erst Managementaufgaben angesprochen. Wie gut, dass durch den Einbau von Sensoren auch die Reinigung an sich erleichtert wird! Toiletten, Duschen etc. fordern je nach Häufigkeit der Benutzung (oder je nach Verschmutzungsgrad) in kürzeren oder längeren Abständen einen Reinigungsdurchgang an. So wird Sauberkeit sichergestellt und bei Schwachlast gleichzeitig auch Geld gespart. Darüber hinaus ermöglichen akkurate digitale Gebäudedaten den zunehmenden Einsatz effektiver Putzroboter.

Des Weiteren lassen sich diverse Anwendungsbeispiele für den Technischen Betrieb ausmalen: beispielsweise die noch stärker automatisierte und zuverlässigere Messung von pH-Werten, Wassertemperaturen, Luftfeuchtigkeiten etc. sowie das Einleiten korrigierender Maßnahmen und die Alarmierung im Ausnahmefall.

IoT (Internet of Things) erreicht definitiv unsere Bäder und ermöglicht zukünftig ein umfassendes, nahtloses Energiemonitoring in Echtzeit. Da die benötigten Zähler, Fühler und Analysetools erstens immer günstiger und zweitens voll vernetzt werden, können selbstlernende Systeme aufgebaut werden, die den Personalaufwand minimieren und gleichzeitig zu Verbrauchseinsparungen führen. Denn selbst in Betrieben mit hoch qualifizierten und motivierten Technikern ist es schon vorgekommen, dass die Fehlstellung einer Frischluftklappe über mehrere Wochen unbemerkt blieb. Wenn dann die Mehrverbräuche auf der Rechnung des Energielieferanten auffallen, ist es leider bereits zu spät ... Neben dem Einbau der notwendigen Systemkomponenten werden eine lückenlose Ist-Erfassung, aussagekräftige Cockpits und automatisierte Alerts beim Über- oder Unterschreiten von Schwellenwerten benötigt. Die Schwellenwerte sollten dabei nicht fix vorgegeben werden müssen, sondern situativ aus Kontextvariablen wie Wetter, Besucherzahlen etc. ohne manuelles Zutun errechnet werden.

Überhaupt können in einer Bäderwelt 4.0 die Energieverbräuche auf ganz neue Weise prognostiziert werden. Stellen heute überschlagsmäßige Kalkulationen das gängige Mittel dar, werden künftig nicht nur (Bauherren-) Entscheidungen in Sachen Technikkonzeption, sondern auch sämtliche baulichen Veränderungen im Laufe des Planungsprozesses unmittelbar auf ihre Auswirkungen auf den Energiebedarf gerechnet und simuliert. Selbstverständlich muss nach wie vor auf Erfahrungswerte und Schlagzahlen abgestellt werden, aber diese Kennzahlen stützen sich auf einen massiven Datenpool und die Granularität der Daten verhindert, dass – wie heute noch oft der Fall – Äpfel mit Birnen verglichen werden.

Künftig werden Bäder als energieintensive Anlagen auch ihren CO_2-Footprint managen müssen. Dazu sind detaillierte Verbrauchserfassungen und Umrechnungen notwendig – Zahlen, die momentan den meisten Betreibern nicht vorliegen. Was Bäder heutzutage relativ umständlich erheben, wird künftig effizienter aufbereitet werden können, auch bereits als Simulation in der Planungsphase.

Da auch die Wasserflächen eine knappe Ressource darstellen, werden gerade Anbieter kommunaler Schwimmbäder die Belegungsplanung professionalisieren müssen. In Konzeptions- und Planungsphase ist der zukünftige Bedarf an Schul- und Vereinsschwimmen zwar von politischen Entscheidungen abhängig, aber eben auch von organisatorischen und baulichen. Für eine effiziente Ausnutzung der Becken müssen u. U. die Umkleidekapazitäten so ausgestaltet werden, dass eine „Übergabe an der Beckenkante" möglich ist – und leere Wasserzeiten eliminiert werden. Hier können die Daten aus dem BIM-Modell direkt in Simulationssoftware in der Planung und in Belegungssoftware im Betrieb bereitgestellt werden.

Das war zwar auch bisher mit Bordmitteln (2-D-Pläne, Excel & Co) möglich, interessant wird es nun, wenn künftig virtuelle Rundgänge und Indoor-Visualisierungen nahtlos mit der Belegungsplanung verknüpft werden können. Auch bei kurzfristigen Buchungsänderungen können Gäste und Badmitarbeitende jederzeit erkennen, welche Bahnen oder Becken wann durch wen belegt sind. Das erleichtert auch das Monitoring im Betrieb, sodass bei Nichterscheinen einer Schulklasse beispielsweise eine Info an die zuständigen Personen geschickt wird und mit „Wiederholungstätern" dank entsprechender Reportings auch zeitnah das Gespräch gesucht werden kann.

Ebenso ist denkbar, dass Gäste bei der Planung ihres Aufenthaltes bereits von zu Hause aus Nebenleistungen, z. B. das Reservieren einer bestimmten Liege oder eines präferierten Tisches in der Badgastronomie, buchen können – und dies ganz intuitiv dank des virtuellen Gebäudemodells. Dies hilft gerade auch Gästen, welche die Anlage noch nicht gut kennen.

Im Bad kann ein Indoor-Navigationssystem zudem die Besucherströme monitoren und mittels Auslastungsanzeigen und intelligenter Angebote/Specials steuernd einwirken – vollautomatisiert, versteht sich.

Self-Service-Bad

Vielleicht die folgenreichste Entwicklung sehen wir im Bereich der kleineren kommunalen Bäder. Wie sich zeigt, stellen sie nicht nur in einwohnerschwachen Gegenden eine (schulnahe) Möglichkeit zum Erlernen der Schwimmfähigkeit dar. Sie können auch in Städten eine Ergänzung zu größeren und teilweise freizeitorientierten Bädern darstellen.

In der Vergangenheit haben auch wir unseren Beratungskunden aus Kostengründen von einer Zersplitterung der Kräfte abgeraten, da kleinere Bäder in der Regel die unwirtschaftlichsten sind und eine (maßvolle) Zusammenlegung oft eine Verbesserung des Angebotes ohne höhere Defizite erlaubt.

In der politischen Arena werden aber Standortdiskussionen gerade bei Zentralisierungsvorschlägen äußerst hitzig geführt. Und so gewinnt plötzlich nicht mehr das beste Argument, sondern die lauteste Stimme. Dem muss auch künftig durch faktenbasierte Entscheidungsgrundlagen entgegengewirkt werden. Trotzdem sind manchmal Verschlechterungen für einzelne Nutzergruppen zu gewärtigen.

Möglicherweise stehen wir hier vor einer bedeutenden Wende, sodass in Zukunft nicht mehr zwingend zwischen Zentralisierung und Dezentralisierung entschieden werden muss, sondern ein Sowohl-als-auch möglich und leistbar wird.

Dies setzt voraus, dass Kleinbäder mit wenig Personaleinsatz betrieben werden können, was nicht nur Kosten spart, sondern auch dem Problem des Fachkräftemangels begegnet. Wir nennen dies die Vision eines „Self-Service-Bades", in dem die Betriebsleistungen sachgerecht, aber deutlich effizienter als heute erbracht werden.

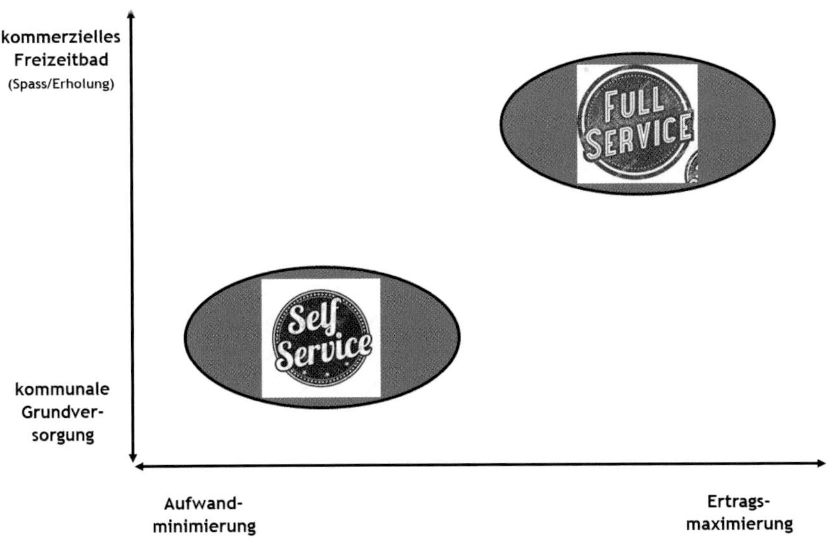

Bild 34: Full-Service- vs. Self-Service-Bad

Eckpunkte eines Self-Service-Bades („1-MA-Bad") könnten sein:

- Hohe Übersichtlichkeit (Reduktion Aufsichtspersonal, soziale Kontrolle)
- Wenig Risikobereiche → Wassertiefen, keine Sprunganlage/Rutschen etc.
- Umfangreiche Videoüberwachung (wo zulässig)
- Unterwasser-Detektionssystem
- Vollautomatisches Ticketing (Online, Kassenautomaten)
- Softwarebasierte Belegungsplanung und -kontrolle

- Automaten für Verpflegung und auch Shop-Artikel (kleines Angebot, gute Qualität)
- Eigenverantwortliche Badnutzung durch Schulen/Vereine/Gruppen mit Überlassungsvertrag, öffentliches Baden mit Aufsicht durch Ehrenamtliche (Vereine etc.)
- Pflegeleichte und wartungsarme Materialien und Einbauten
- State-of-the-art Technikanlagen mit hohem Automatisierungsgrad, hoher Energieeffizienz und zahlreichen Zählern und Sensoren
- Umfangreiches Outsourcing: Reinigung, First-Level-Support (Probleme am Drehkreuz, Fragen, Störmeldungen Technik bei Abwesenheit Hausmeister etc.), Planning & Controlling (Instandhaltung, Wasserflächenbelegung, KPI etc.)

Das Hallenbad Werdohl weist bereits deutlich in diese Richtung und steht als realisiertes Beispiel für die Bedienung der Grundversorgung Schwimmen – eine kostengünstige und nachhaltige Alternative zu sonst oft kostspieligen Sanierungen.

Der digitale Zwilling aus der Planungs- und Bauphase kann nun als Grundstock für eine Vielzahl an Anwendungen in der Betriebsphase dienen, welche wir in der folgenden Tabelle in Bezug auf die Art der zugrunde liegenden Informationen, der Technologie, dem Nutzen und dem derzeitigen Machbarkeitsstatus eingeschätzt haben.

Facility Management				
Anwendungsfall	**Informationen**	**Technologie**	**Nutzen**	**Status**
Instandhaltung				
1) Plan-/Ist-Vergleich mittels Augmented Reality (während Bau- und Abnahmephase)	Bauwerksinformationsmodell (Construction Twin)	Augmented-Reality-Brillen (übergangsweise auch mit Tablets lösbar)	Mängelverfolgung, -meidung und -behebung	Erprobt
2) Automatisierte Aufgaben- und Kostenplanung für Wartung, Instandhaltung, Instandsetzung, Ersatz	Hinterlegte Gewährleistungs-, Wartungs-, Instandhaltungs- und Instandsetzungszyklen für alle relevanten Geräte und Teile durch Verknüpfung und CAFM-Attribuierung	Aufbereitung der Rohdaten in grafische Übersichten und Aufgabenpakete Auftragsmanagement	Effizienz, Sicherheit	Machbar
3) Fehlervermeidung bei Reparaturarbeiten	„As-built Modell"/ besser: Performance Twin	Augmented-Reality-Brillen (übergangsweise auch mit Tablets lösbar)	Effizienz, Sicherheit	Machbar
4) Früherkennung von Bauschädigungen	Feuchtigkeitswerte, Materialzustand, Temperatur, Schwingungen u. a. als dynamische Daten	Sensoren an neuralgischen Punkten, gerade auch an schwer einsehbaren Bauteilen, Einbindung GLT, Analysetool	Vorbeugung Havarie, Effizienz, Sicherheit	Machbar
Technischer Betrieb				
5) Virtuelle Mitarbeiterschulung	Anlageninformationen und Nutzungshinweise	Funktionsfähiger digitaler Zwilling, Game-Engine	Zeitersparnis, Qualität d. Arbeitsleistung	Machbar

Facility Management				
Anwendungsfall	**Informationen**	**Technologie**	**Nutzen**	**Status**
6) Programmierung u. Optimierung der Anlagen bereits vor Inbetriebnahme	Anlageninformationen	Funktionsfähiger digitaler Zwilling, Simulations-SW	Einsparungen, Effektivität	Machbar
7) Zuverlässigere Messung u. Steuerung	ph-Werte, Wassertemperaturen, Luftfeuchtigkeit, CO_2, ...	Sensoren	Effektivität	Erprobt
Reinigung				
8) Automatisiertes Reinigungspflichtenheft	Mengen, Massen sowie Pflegehinweise zu allen Materialien und Bauteilen	Exportfunktion Mengen und Massen, AVA	Einsparung	Erprobt
9) Nutzungsgesteuerte Reinigungszyklen	Nutzungsdaten, Verschmutzungsgrad	Sensoren	Einsparung	Machbar
10) Effizientere Reinigungskontrolle	Zu kontrollierende Reinigungspunkte (alternierend), frühere Kontrollergebnisse	SW Aufgabenmanagement, Prediction-SW (KI)	Qualitätskontrolle	Wünschenswert
11) Virtuelle Mitarbeiterschulung	Reinigungsvorgaben für unterschiedliche Settings auf Basis der Bauteile	Game-Engine	Einsparungen, Effektivität durch besseres Verständnis	Erprobt

Facility Management				
Anwendungsfall	**Informationen**	**Technologie**	**Nutzen**	**Status**
Energie				
12) Zuverlässigere Prognosen, auch als Entscheidungshilfe für Bauherren-Entscheide (in der Planungsphase)	Mengen, Massen, Zeiten, Kosten, Erfahrungswerte, modellbasierte Variantenbetrachtungen mit technisch-funktionaler Betrachtung	Simulationssoftware	Variantenvergleiche, Kosteneinsparung	Machbar
13) Kalkulation CO_2-Footprint	Verbrauchswerte, Umrechnungswerte	Simulationssoftware	Nachhaltigkeit	Machbar
14) Energiemonitoring in Echtzeit	Hochgranulare Daten (Echtzeit und historisch) aus allen Gewerken Erfahrungswerte für Schwellenwerte	Zähler und Sensoren, Einbindung GLT, Analysetool, Prediction-SW (KI)	Einsparungen (Kosten, CO_2)	Machbar

Marketing				
Anwendungsfall	**Informationen**	**Technologie**	**Nutzen**	**Status**
Belegungsplanung				
15) Professionellere/dynamische Belegungsplanung u. Kommunikation	Bedarfsanmeldungen, vereinbarte Belegung, ad-hoc-Meldungen (Absagen, Spontanbuchungen)	Kontakt-App, Optimierungs-Software, Statistiken, Alerts	Effizienz	Machbar
Kundendialog				
16) Virtuelle Rundgänge	Gebäudemodell	Visualisierungs-Software	Kundenerlebnis	Erprobt

Gästebetreuung				
Anwendungsfall	**Informationen**	**Technologie**	**Nutzen**	**Status**
Empfang				
17) Voll-automatisches Ticketing	Preismodelle, Kunden-angaben	Online-Shop, Ticket-Medium (bspw. Smart-phone)	Effizienz	Erprobt
Aufsicht				
18) Virtuelle Rundgänge (Videoüber-wachung)	Gebäude-modell, Bild-informationen, Modelle	vollintegrierte Video-Über-wachung und Unterwasser-Detektions-systeme	Effizienz, Sicherheit	Machbar
Animation				
19) Lenkung der Besucher-ströme durch intelligente Angebote und Specials	Gästeverteilung in der Anlage	Personen-lokalisierung, Kommunika-tionsmöglich-keit	Effizienz, Kundenerlebnis	Machbar
Verpflegung				
20) Intelligente Verpflegungs-automaten	Konsumations-verhalten	Automaten, Datenverarbei-tung	Effizienz	Erprobt
Übriges				
21) Indoor-Navigation	Gebäudemodell	Lokalisierung, Reservati-onssystem, Kommunikati-onsmöglichkeit	Kunden-Erlebnis	Machbar

Ausblick

Inwiefern diese Beispiele bereits morgen oder erst übermorgen Realität werden, hängt selbstverständlich nicht nur von der Verfügbarkeit technologischer Lösungen ab. Die Innovationsbereitschaft bei allen Beteiligten und der tatsächliche Nutzen sind sehr wahrscheinlich die wichtigeren Variablen in dieser Gleichung.

Wenn im Rahmen von Pilotprojekten positive Erfahrungen gesammelt und entsprechende Ökosysteme aufgebaut werden, wird die digitale Betreiberzukunft aber eine sich verstärkende Entwicklung erfahren. Ein interessanter Trend ist es schon heute!

Stefan Studer

Die Kannewischer Management AG ist Betreiberin von Thermen und berät Gemeinden in jeglichen Bäderfragen. Stefan Studer ist Mitglied der Geschäftsleitung und setzt sich im Unternehmen insbesondere mit Beratung und Controlling auseinander.

Um genau den zuvor beschriebenen Nutzen in der Betriebsphase zu erzielen und die skizzierten Use Cases zu ermöglichen, ist es absolut notwendig, sinnvoll strukturierte Daten zu erheben. In seinem Gastbeitrag stellt sich nun Christian Frey, Siemens SI, dazu die Frage, warum ein Unternehmen wie Siemens dafür eine Standardisierung von BIM braucht:

Siemens tritt nicht als Bauunternehmen auf, sondern liefert Produkte, Systeme und Dienstleistungen für Gebäude und den weiteren Ausbau der Infrastruktur. Daher ist eine strukturierte Reihe von Standards, Spezifikationen und Berichten unerlässlich. Dabei sind die Methoden zur Definition, die Beschreibung zum Austausch, zur Überwachung, zur Aufzeichnung und zur sicheren Handhabung von Asset-Daten, Semantik und Prozessen mit Links zu georäumlichen und anderen externen Daten im Bereich der strukturierten semantischen Lebenszyklus-Informationen für die gebaute Umwelt zu spezifizieren.

Die Bauindustrie ist einer der größten europäischen Industriezweige (9 % des BIP der EU, 18 Mio. Arbeitsplätze und 3,1 Mio. Unternehmen). Sie verbraucht etwa 50 % der Rohstoffe, die der Erde entnommen werden, und verursacht etwa 40 % aller Treibhausgasemissionen in Europa. Nichtsdestotrotz wird die Industrie jedoch als relativ ineffizient angesehen.

Die Einführung gemeinsamer Standards und Arbeitsmethoden unter Verwendung von BIM führt zu(r):

- Harmonisierung eines weltweit gemeinsamen strategischen Ansatzes für die Einführung von BIM im stark fragmentierten Bausektor unter aktiver Einbeziehung kleiner und mittlerer Unternehmen KMUs.
- Ermöglichung der weiten Verbreitung und sicheren Einführung digitalisierter Prozesse bei herkömmlichen Bauprojekten mit qualifizierten Arbeitskräften, die über die digitalen Kompetenzen und Kapazitäten verfügen, um in der gesamten Wertschöpfungskette und bei Projekten unterschiedlicher Größe, Komplexität und Art zu arbeiten.
- Unterstützung und Erleichterung der Anpassung an eine nachhaltige gebaute Umwelt – eine Umwelt, die die Herausforderungen des Klimawandels und die Notwendigkeit einer Kreislaufwirtschaft unterstützt, indem sie die Ressourceneffizienz von Bauprodukten und -materialien verbessert.
- höherer Produktivität des Sektors – Bereitstellung von mehr Einrichtungen für die gleichen oder weniger Ausgaben.
- Verbesserung der Output-Qualität von öffentlichen Liegenschaften und Verbesserung des Preis-Leistungs-Verhältnisses im öffentlichen Sektor bei Investitionen und Dienstleistungserbringung im Betrieb.
- Unterstützung von Verbesserungen in der Teamarbeit und Zusammenarbeit; dies führt zu einem stärkeren und digital qualifizierten Sektor, der Talente und Investitionen anzieht.

Building Information Modeling (BIM) ist eine Methode zur Strukturierung von Informationen über Infrastruktur und Gebäudeinformationen. BIM bezieht sich auf die Verwendung einer gemeinsam genutzten digitalen Repräsentation eines gebauten Objekts, um den Bauprozess zu erleichtern (einschließlich Gebäude, Brücken, Straßen, Prozessanlagen usw.), um Entwurfs-, Bau- und Betriebsprozesse zu erleichtern und eine zuverlässige Grundlage für Entscheidungen zu schaffen. Das resultierende Building Information Modell (BIM) kann als virtuelle Darstellung des realen Objekts visualisiert werden und Objekteigenschaften und -beziehungen darstellen. BIM ermöglicht ein besseres Verständnis komplexer Gebäudeinformationen und unterstützt viele digitale Werkzeuge für einen effektiven Umgang mit Informationen. BIM verbessert den Umgang mit Informationen und ist z. B. Voraussetzung, um Lean Design und Konstruktion, den digitalen Zugang zur Wartung des Projekts sowie Produktinformationen während des Facility Managements oder des Betriebs in Angriff zu nehmen.

Mit einem digitalisierten, BIM-basierten Bauprozess können Informationsverluste zwischen Prozessen und/oder Phasen eliminiert oder zumindest stark reduziert werden. Dies erfordert die Entwicklung und Implementierung eines offenen und interoperablen BIM, das durch Standards unterstützt wird, die in der gesamten Bauindustrie verwendet werden.

Die Digitalisierung des Bausektors erfordert auch die Fähigkeit zum Austausch von Bauproduktinformationen, die in Gebäude und Infrastruktureinrichtungen eingebaut werden, einschließlich der Materialien, aus denen sie hergestellt wurden, sowie derer komplexeren Produkte und Systeme, die in Gebäude und Einrichtungen eingebaut werden, um sie sicher, komfortabel und zweckmäßig zu machen.

Bild 35: Medienbrüche und Kosten im Lebenszyklus eines Gebäudes

Das Bild zeigt die Zunahme gemeinsamer Daten entlang des Lebenszyklus eines Gebäudes. Es geht um das Sammeln von Daten aus den geplanten und installierten Produkten bis hin zum As-built Building Twin, um den Betrieb und die Instandhaltung eines Gebäudes, einschließlich seiner Anlagen und Mieter, effizienter zu gestalten.

Was sind die Herausforderungen bei der Übergabe der generierten Daten?

- Während des gesamten Lebenszyklus eines Gebäudes, vom Planen über den Bau in der langen Betriebsphase bis hin zum Abriss, werden viele Daten generiert und benötigt.
- Bis heute ist die Übergabe von Konstruktionsdaten nach den einzelnen Phasen oft mit einem erheblichen Datenverlust verbunden.
- Mit BIM wird dies besser, vor allem während der Planungs- und Bauphase.
- Ein auf dem Siemens Building Twin basierendes Projekt wird jedoch eine wesentlich höhere Performance mit hochwertigem Transfer zu Beginn der Betriebsphase (Operation) ermöglichen.
- Dies hat eine sehr hohe Auswirkung auf die Lebenszykluskosten eines Gebäudes, da die Betriebsphase 80 % dazu beiträgt.
- Weiterhin bringen die Daten Klarheit und sind Voraussetzung für eine fachgerechte Entsorgung und das Recycling der verbauten Materialien.

Die Vorteile und der Mehrwert der Einführung von BIM werden wie folgt zusammengefasst:

- Steigerung der Wettbewerbsfähigkeit und Effizienz des Betriebs von Gebäuden und Infrastrukturanlagen während ihrer gesamten Lebensdauer.
- Erhöhung der Wettbewerbsfähigkeit der Hersteller von Bauprodukten bei ihren weltweiten Aktivitäten.
- Effizienzsteigerungen für Kundenorganisationen hinsichtlich der Anforderungen von Altsystemen.
- Erleichterung des sicheren Informationsaustauschs zwischen den Asset-Management-Systemen des Kunden und Systemen von Auftragnehmern/Dienstleistern dank der gesteigerten Interoperabilität.
- Effizienzsteigerungen für Auftragnehmer und Hersteller durch standardisierte Produktauswahl und Bestellvorgänge.
- Schaffung eines gemeinsamen Verständnisses hinsichtlich der Gestaltung der gebauten Lebensräume zwischen Eigentümern, Betreibern und Nutzern, Planern, Auftragnehmern und Herstellern von Bauprodukten und -systemen.
- Ermöglicht die Vorbereitung gemeinsamer Planungshilfen und Softwarepaketen.

Standardisierung für Interoperabilität

Interoperabilität kann ohne Standardisierung erreicht werden, aber sie setzt voraus, dass sich das Projekt auf seine eigenen Regeln und Leistungen einigen kann. Ein hohes Maß an Fachwissen und Ressourcen ist dafür erforderlich, und die Nutzung von Informationen im Lebenszyklus des Bauwerks ist nicht automatisch gewährleistet.

Effiziente Interoperabilität erfordert eine Reihe von Standards und eine strukturierte Implementierung. Die drei Säulen der Interoperabilität sind:

- Eine standardisierte Art und Weise, Datenmodelle zu speichern und auszutauschen und sie gegebenenfalls sicher in Softwareumgebungen zu implementieren.
- Ein gemeinsames Verständnis von Terminologie und datensemantischer Struktur.
- Ein vereinbartes Set an Spezifikationen für die Informationslieferung für den Informationsabsender zur Unterstützung der Prozesse des Informationsempfängers.

Eine effiziente objektbasierte Interoperabilität wird durch drei Standards bedingt:

- Datenmodellstandards zur Spezifizierung der Datenstruktur für Entitäten, Geometrie und verbundene Eigenschaften sowie die Klassifizierung für den Austausch von Datenmodellen. Das Datenmodell gewährleistet den Austausch von objektbasierten Informationen.
- Data-Dictionary-Standards zur Spezifizierung der Datenstruktur für die Definition von daten-semantischen Konzepten (Entität, Eigenschaft, Klassifizierung etc.) und der Beziehungen zwischen ihnen.
- Prozessstandards, um zu spezifizieren, wie die erforderlichen Informationen zur Unterstützung eines bestimmten Prozesses beschrieben werden sollen.

Informationen austauschen – IFC-Standards erweitern

IFC (Industry Foundation Classes) sind beschrieben in einer internationalen Norm, *ISO 16739:2018- Industry Foundation Classes (IFC) – für den Datenaustausch in der Bauwirtschaft und im Anlagenmanagement.* Sie spezifiziert ein konzeptionelles Datenschema und ein Austauschdateiformat für Building-Information-Modell-Daten. ISO 16739 stellt somit einen internationalen Standard für BIM-Daten dar, die zwischen Softwareanwendungen ausgetauscht und gemeinsam genutzt werden, die von den verschiedenen Teilnehmern an einem Bau- oder Liegenschaftsprojekt in einer gebauten Umgebung verwendet werden. buildingSMART International ist Urheber des IFC-Standards. ISO und buildingSMART International haben ein Urheberrechtsabkommen unterzeichnet, das beiden Organisationen das Recht zur Veröffentlichung des Standards sichert. Siemens ist Mitglied bei buildingSMART International, denn buildingSMART bietet eine Umgebung, in der Befürworter, die die Vorteile von BIM fördern und anerkennen wollen, in einer Gemeinschaft zusammenarbeiten, um internationale Standards, Methoden und Konformitätsverfahren zu entwickeln und umzusetzen. Die Mitglieder profitieren von den kollektiven Aktivitäten anderer Mitglieder auf lokaler und internationaler Ebene. Siemens hat zum jüngsten buildingSMART-Positionspapier beigetragen: ein Ökosystem von digitalen Zwillingen ermöglichen, hier als Download:

Entwicklung von Spezifikationen für die Informationsbereitstellung

ISO 16739:2018 ist ein internationaler Standard für den Austausch und die gemeinsame Nutzung von BIM-Daten zwischen Software-Anwendungen, die von den verschiedenen Teilnehmern eines Bau- oder Liegenschaftsprojekts in einer gebauten Umgebung verwendet werden. Der Inhalt der ausgetauschten Daten wird in hohem Maße durch das Lebenszyklusstadium, die beteiligten Disziplinen und den Entwicklungsstand, oder allgemeiner gesagt, durch den Prozess bestimmt. Die Spezifikationen für die Bereitstellung von Informationen sollten die Praktiken von Bauprozessen und den Geschäftskontext erfassen und gleichzeitig detaillierte Spezifikationen bezüglich der Informationen enthalten, die ein Benutzer, der eine bestimmte Rolle ausübt, zu einem bestimmten Zeitpunkt innerhalb des Lebenszyklus eines Assets benötigt. Wenn es sich um sensible Informationen handelt, sollte es möglich sein, den Zugang zu diesen Informationen für Personen mit einem originären Wissensbedarf zu kontrollieren.

Unterstützung von Data Dictionaries

EN ISO 12006-3:2016 – Organisation von Informationen über Bauprozesse – Teil 3 Der Rahmen für objektorientierte Informationen ist eine Norm für Data Dictionaries (Datenwörterbücher). Ein Data Dictionary verbindet die gesamte weltweite Fachterminologie mit international standardisierten und maschinenlesbaren Konzepten. Data Dictionaries können alle bestehenden und neuen Datenbanken und Register in der Welt miteinander verbinden. Sie bieten die Möglichkeit, über eine standardisierte Schnittstelle Informationen aus der ganzen Welt zu durchsuchen. Datenwörterbücher können sowohl zur Sicherung eines eindeutigen Informationsflusses mit IFC-Dateien als auch in direkter Kommunikation mit Datenbanken ohne Verwendung des IFC-Modells verwendet werden.

Es gibt mehrere Bereiche der Standardisierung und Implementierung eines europäischen Datenwörterbuchs:

- Etablierung eines europäischen Standards für die Datenstruktur von Datenwörterbüchern durch die Übernahme der EN ISO 12006-3 als europäische Norm. Die Übernahme von EN ISO 12006 beinhaltet keine Übernahme einer der derzeitigen Implementierungen;
- Normen für Product Data Templates auf der Grundlage von CEN/CENELEC-Normen erstellen;
- eine Vereinbarung über spezifische Inhalte von besonderem Interesse für den europäischen Markt zu treffen, ausgedrückt durch die Standardstruktur von EN ISO 12006-3 durch die Entwicklung hochwertiger gemeinsamer europäischer Inhalte und Standard-API;
- (möglicherweise mehrere) kommerzielle Implementierungen eines Data-Dictionary-Servers unter Verwendung der standardisierten Datenstruktur der EN ISO 12006-3 und Lieferung von vereinbartem Inhalt für den europäischen Markt, in Verbindung mit Dienstleistungen außerhalb des Anwendungsbereichs der CEN/TC 442.
- Richtlinien ISO 16354 (Richtlinien für Wissensbibliotheken und Objektbibliotheken).

Ziel ist es, einige gemeinsame Data-Dictionary-Inhalte, einschließlich Definitionen von Entitäten und Eigenschaften, auf Grundlage einer gemeinsamen Objektklassifikation festzulegen, um den europäischen Markt und die Nachhaltigkeit zu unterstützen. Der Inhalt des gemeinsamen Datenwörterbuchs soll als gemeinsamer Platzhalter für nationale und regionale Kontextprojekte dienen und diese allgemein zugänglich machen. Die effektive Implementierung einer Verbindung zwischen einem harmonisierten Wörterbuch und einer IFC-basierten

Modellierung wird als Bindeglied für den Austausch in nationalen und regionalen Projekten fungieren. Die Herstellung standardisierter Anwendungsprogrammierschnittstellen (API) für Data Dictionaries stellt sicher, dass verschiedene Kontextprojekte miteinander verbunden und zugänglich sind.

Was die Produktwörterbücher betrifft, so definieren ISO-Normen den Rahmen. Die aktuelle Herausforderung steht im Zusammenhang mit der Anzahl der Produktwörterbücher und der Notwendigkeit, Missverständnisse bei den Namenskonventionen für Eigenschaften zu vermeiden: gleicher Name, aber unterschiedliche Bedeutung, oder Werte oder gleicher Begriff, aber unterschiedliche Namen und Werte. Dafür ist eine Norm erforderlich, z. B. ISO 16757.

Der Zugang zu generischen und produktspezifischen Objektbibliotheken ist ein Schlüssel für die effektive Planung und den Zugang zu Eigenschaften verfügbarer Produkte. Eine Objektbibliothek ist ein strukturierter Satz digitaler Objekte (z. B. eine Tür oder eine Leuchte), die sowohl Geometrie, Eigenschaften, Klassifizierung als auch Links zu anderer Dokumentation enthalten können. Eine Objektbibliothek wird in einem übergebenen Datenmodell mit entsprechenden Sicherheitskontrollen eingerichtet, wo dies erforderlich ist. Dazu ist ein standardisierter Dictionary-Rahmen erforderlich, der entweder auf gemeinsamen Klassifikationstabellen oder nationalen Tabellen mit Querverweisen gemäß dem Data-Dictionary-Rahmenstandard basiert. Die Standardisierung der Regeln für BIM-Objektbibliotheken ermöglicht es, Objektbibliotheken aus allen CEN-Ländern unabhängig von lokalen Dokumentationsanforderungen zu verwenden. Die Regeln für Objektbibliotheken werden unter Verwendung von Datenwörterbüchern und gemeinsamen Regeln und Richtlinien für die Modellierung und Dokumentation von Benennungen und Eigenschaften, einschließlich derer, die sich auf den Schutz sensibler Informationen beziehen, standardisiert. Und die Standardisierung von Regeln für die Verknüpfung von Objekttypbibliotheken und Datenwörterbüchern ist notwendig.

Christian G. Frey, Senior Manager Industry Affairs

Nach dem Studium der Elektrotechnik mit Schwerpunkt Nachrichtentechnik hat Christian G. Frey sein Diplom erhalten und mehrere Stationen in Industrieunternehmen als Projektingenieur, Produkt- und Innovationsmanager sowie als Vertriebsleiter durchlaufen. Während seiner Tätigkeit als Direktor einer Patentlizenzfirma in der Schweiz hat er sich intensiv mit dem Thema geistiges Eigentum beschäftigt und seinen Abschluss als Patentingenieur erhalten.

Christian G. Frey war an EU-finanzierten Forschungsprojekten beteiligt und arbeitet eng mit Wissenschaftlern und Forschern innerhalb von Siemens und von externen anwendungsorientierten Forschungsorganisationen zusammen. Ebenso wurde er von der EU Commission als Experte zur Bewertung von H2020 Forschungsanträge rund um das Thema „Digitales Bauen“ und „Building Information Modeling“ berufen.

Christian G. Frey ist ein leistungsstarker Innovationsmanager und Patentingenieur mit strategischen Visionen bei Siemens, Smart Infrastructure Headquarters. Er denkt und handelt unternehmerisch, ist global ausgerichtet und strategisch orientiert.

Co-Autor von: Buildings and Beyond, einer Expertenstudie über Digitalisierung und künstliche Intelligenz.

Nach dem Ausblick, wie wir in Zukunft den Betrieb unserer Bauwerke maßgeblich optimieren können und uns neue Services erschließen, möchten wir in Bezug auf die auch hier notwendige Standardisierung noch auf VDI-Richtlinie 2552 Blatt 6 verweisen. Doch wie schaffe ich denn jetzt einen gesunden und angemessenen Haushalt an Daten und Informationen in meinem Projekt?

14 Informationen sind das neue Gold

Wie sammle ich diese denn richtig und was ist dann Informationsmanagement?

Nach DIN EN ISO 19650 beginnt das Informationsmanagement bei der Spezifikation der Informationsanforderungen, geht über die Planung der Informationsbereitstellung und endet bei der Bereitstellung von Informationen. Soweit die Normierung. Aber was kann ich mir nun wirklich unter dem berühmten BIM-Management vorstellen? Wir unterscheiden zwischen dem strategischen und dem operativen Informationsmanagement. Ersteres haben wir ja bereits in Kapitel 7 beschrieben, nämlich wie ich ein Projekt aufsetze, wie ich über die AIR und PIR zu AIA komme, wie ich entsprechend meine Daten als Auftraggeber bestelle. Wichtig ist jedoch die darauffolgende Überprüfung der Liefergegenstände. Gemäß dem Lean Informationsmanagement – und auch ISO 19650 – erhebe ich nur wertschöpfende Daten und vermeide somit eine Überproduktion an Daten. Durch die strategische Steuerung der Lieferanten, Lieferzeitpunkte und Granularitäten steuere ich maßgeblich den Informationshaushalt. Die Überprüfung ermöglicht das kurzfristige Eingreifen und Korrigieren der Liefergegenstände. Doch wie darf ich mir die entsprechende Überprüfung vorstellen? Sicherlich kann ich als Auftraggeber nicht jedes Bauteil anklicken und sehen, ob im „As-built-Modell“ auch das für die wiederkehrende Prüfung relevante Inbetriebnahmedatum eingetragen ist. Dafür gibt es qualitative Modellprüfverfahren, Freigabeprozesse und Dokumentationen. Kim Boris Löffler ist BIM-Manager bei der DEUBIM, Trainer bei den EDUBIM-Produkten und bringt eine langjährige Erfahrung im Bereich des BIM-Managements sowie in der Objekt- und Tragwerksplanung mit sich. Hier seine Sicht auf das Lean-Informationsmanagement:

„TOO MUCH INFORMATION“ – wer kennt nicht dieses Gefühl?

Sei es in einer Besprechung oder bei der Suche nach Daten zu bestimmten Produkten – meist erhält man recht viele Informationen, aber nicht die, die man gerade benötigt.

Die Aussage, dass Informationen das neue Gold seien, stimmt nur bedingt. Bei Gold steigt der Wert gleichbleibend im Verhältnis zu seiner Menge, bei Informationen geht diese Gleichung nicht mehr auf. Die pure Existenz von vielen Informationen führt nicht zwingend zu den Zielen und Anwendungsfällen, die mit der Informationsanfrage angedacht waren. Fragt man einen

Produkthersteller, welche Informationen in einem BIM-Modell für das entsprechende Produkt vorhanden sein sollten, wird man leicht eine Antwort mit 50 und mehr Attributen hören. Diese hohe Anzahl an Bauteilattributen dient meist nur dem Produkthersteller, da er so sein Produkt konkret platzieren kann. Im Sinne eines transparenten und offenen Projektes ist dieses Vorgehen eher kontraproduktiv. Wie kann also sichergestellt werden, dass nur die benötigten Informationen und Daten in das Modell eingebracht werden?

Das Informationsmanagement in BIM-Projekten stellt über den kompletten Lebenszyklus des Projektes das zentrale Element in der Qualitätssicherung dar. Im Informationsmanagement wird beschrieben und geprüft, wer wann wie und wofür welche Informationen liefert oder benötigt.

Die Grundvorausetzung eines schlanken Informationsmanagements liegt in einer klaren Definition und Zielbeschreibung seitens des Auftraggebers. Die Auftraggeber-Informationsanforderungen sind der erste Ort, in dem Informationsanforderungen niedergeschrieben sind. Im Sinne der BIM-Methode müssen diese Anforderungen den späteren Betrieb des Bauwerks im Zentrum sehen. Im nächsten Schritt wird vom Planerteam der BIM-Abwicklungsplan (BAP) verfasst. Hier wird beschrieben, wie das Planerteam die Informationsanforderungen am Ende des Projektes erreichen will. Außerdem werden weitere Informationsanforderungen, die für Anwendungsfälle während der Planungs- und Ausführungsphase relevant sind, erfasst.

Das Informationsmanagement in einem Projekt muss neben den reinen Datenanforderungen auch die Verantwortlichkeit im Projektteam und den Zeitpunkt betrachten. Aufgrund der heterogenen Projektstrukturen in der Bauindustrie ergänzen sich BIM und Lean Management in vielen Situationen. Lean Management hat zum Hauptziel, alle Prozesse und Aktivitäten so aufeinander abzustimmen, um möglichst viel Verschwendung im Projekt zu vermeiden. Unter Verschwendung ist alles zu verstehen, was nicht direkt dem Projekterfolg dient. Wiederholende Tätigkeiten sind damit genauso gemeint wie auch der effiziente Materialeinsatz in der Ausführung. Auch die Optimierung des Facility Managements fällt in diesen Ansatz. Lean Management bedeutet übertragen, schlanker Prozess.

Beim Lean Management geht es ebenso um die Gesamtheit der Denkprinzipien aller Beteiligten im Projekt. Es geht darum, ein gegenseitiges Verständnis im Projekt zu implementieren und in einem partnerschaftlichen Ansatz den Projekterfolg als oberstes Ziel zu definieren. Bei BIM-Projekten müssen alle Beteiligte den Fokus, der meist primär auf dem eigenen Leistungsumfang gerichtet ist, auf den gesamten Projekterfolg richten. Mit dem gegenseitigen Verständnis für

Zeitpunkte und Anforderungen wird ein schlanker Bearbeitungsprozess abseits der klassischen HOAI-Leistungsphasen initiiert.

Das Zielergebnis der Datenmodellierung in BIM-Projekten stellt das Asset-Informationsmodell (AIM) dar. Im AIM werden alle relevanten Daten, die für den Gebäudebetrieb benötigt werden, in das FM-System überführt.

Daher sind die ersten Datenanforderungen, die zu Beginn eines Projektes zu definieren sind, die betriebsrelevanten. Die Datenanforderungen für die Betriebsphase werden im Rahmen der AIA-Erstellung vom BIM-Management und in Abstimmung mit den Bauherren festgelegt.

Der Umfang der Betriebsdaten kann je nach Projektart und Digitalisierungsgrad des FM von Auftraggeber zu Auftraggeber stark variieren.

Die betriebsrelevanten Daten sind die ersten Anforderungen, die zur Erfüllung der BIM-Ziele des AG definiert werden. Im Anschluss werden vom strategischen Informationsmanagement weitere Datenanforderungen von BIM-Zielen und deren Anwendungsfällen für die Ausführungs- und Planungsphase definiert. Grundsätzlich ist bei der Definition der Datenanforderungen darauf zu achten, dass alle in den AIA geforderten Daten einer Zielerfüllung dienen, um so einen Mehrwert für das Projekt zu generieren.

Um gemäß BIM und Lean schlanke Prozesse zu definieren, sind die Kollaboration und Koordination gleichermaßen die wichtigsten Bausteine für ein erfolgreiches Projekt.

Zu einem Projekt, das mit BIM und Lean bearbeitet wird, gehören klar definierte Prozesse, die sowohl die jeweilige interne wie unternehmensübergreifende Projektbearbeitung erfasst. Besonders der Prozess der Koordination der Planungsdisziplinen und der Prozess der Qualitätssicherung müssen klar definiert sein.

Die Prozesse werden unter Leitung des BIM-Gesamtkoordinators gemeinsam mit den Fachkoordinatoren erarbeitet und bilden die Grundlage für Datenanforderungen. In den Prozesskarten wird für alle Beteiligten transparent dargestellt, welche Anwendungsfälle zu welchem Zeitpunkt angedacht sind. Hieraus resultiert die Datenanforderung. Wird z. B. für einen Anwendungsfall modellbasierte Mengenermittlung in der Leistungsphase 3 aufgeführt, können anhand des beschriebenen Prozesses die zu liefernden Daten jedes Projektbeteiligten definiert werden, um den Anwendungsfall zu bedienen. Dieses Vorgehen mit beschriebenen Prozessen gilt sowohl für die Ziele des Auftraggebers als auch für alle relevanten Anwendungsfälle während der Projektbearbeitung.

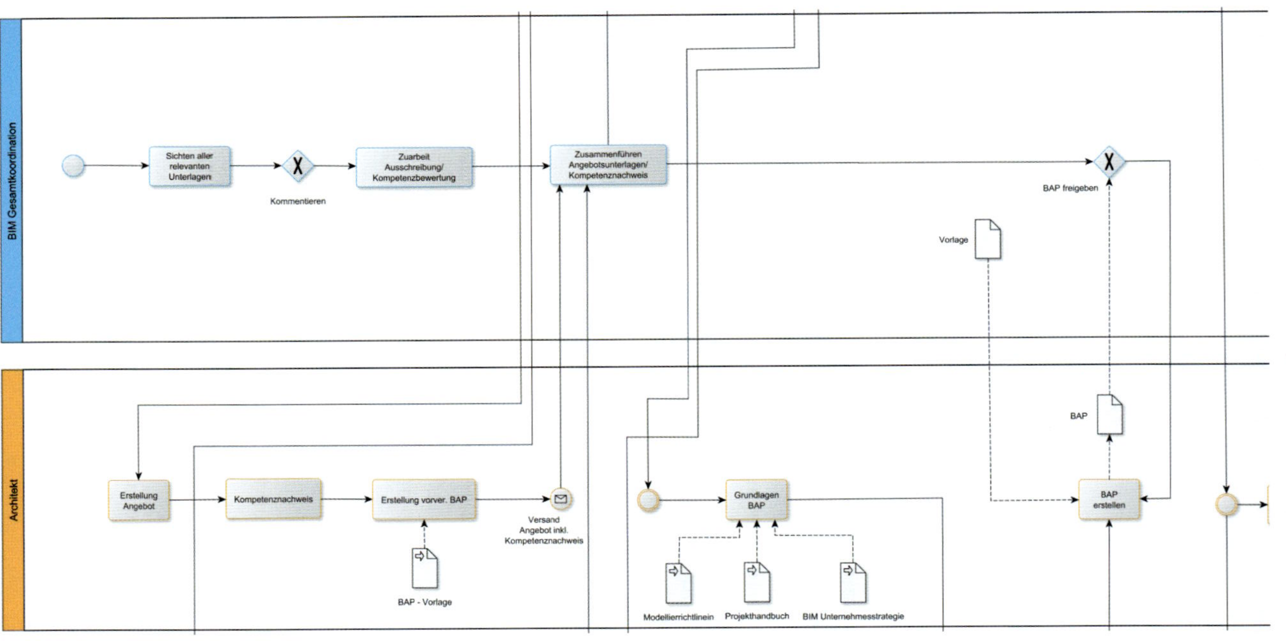

Bild 36: Prozessdefinition mittels BPMN 2.0

Ein mächtiges Werkzeug zur Prozessbeschreibung stellt die Notation BPMN 2.0 dar. Die Standard-Notation zu Prozessbeschreibungen findet in einer Vielzahl von Unternehmen, Hochschulen und Forschungsvorhaben Einsatz.

Die derzeit gängige Art, Datenanforderungen zu definieren, ist durch den Level of Information Need (LoIN). In den Auftraggeber-Informationsanforderungen wird zu entsprechenden Datenlieferpunkten mittels der LoIN-Angabe ein Reifegrad des Modells beschrieben. Dies kann z. B. für die Leistungsphase 5 ein Modell in der Qualität LoIN 300 sein.

Dokumente wie die Swiss BIM LOIN-Definition versuchen, Modellreifegrade stufenweise zu definieren. Für den Level of Information 100 werden z. B. an einem Bauteil fünf Attribute erwartet, bei LOI 200 zusätzliche sieben und bei LOI 300 nochmals weitere fünf. Neben der Swiss BIM LOIN-Definition existieren noch weitere Dokumente, die in gleicher Weise einen Modellreifegrad beschreiben. Problematisch kann es an dieser Stelle werden, wenn z. B. der Auftraggeber beim Verfassen der AIA mit Dokument A und die Planer mit dem Dokument B arbeiten. Da in unterschiedlichen Dokumenten auch unterschiedliche Definitionen vorgegeben sein können, ist es zwingend notwendig, eine gemeinsame Grundlage zu definieren. Findet dies nicht bereits im AIA statt, sollte spätestens ein gemeinsamer Vorschlag des Planerteams im BAP vereinbart werden.

Die Projektbearbeitung aufbauend auf Dokumenten wie dem AIA und LoIN Definitionen hat als Herausforderungen, dass die Erarbeitung der Datensätze nicht konsequent digital erfolgt, sondern einen hohen Grad an manueller Bearbeitung erfordert. Eine manuelle Datenbearbeitung kann immer zu Störungen im Projektverlauf führen. Daher ist es ein zentrales Ziel, die Projektbearbeitung auf einer konsistenten Datenquelle aufzubauen, die größtenteils auf digital-weiterverarbeitbaren Schnittstellen basiert.

Modellprüfung und Koordination stellen die zentrale Aufgabe im Prozess der BIM-Koordination dar. Der BIM-Koordinator prüft in regelmäßigen Abständen im Rahmen der Koordinationssitzungen die Qualität der Daten in den Modellen. Dies kann regelbasiert, automatisiert erfolgen. Die Prüfregeln müssen auch hier

	100	200	300	400	500
Fundament | C1 Bodenplatte, Fundament					
LOG					
LOI	Grundmasse	Grundaufbau	Aufbau in Ebenen mit Vor- und Rücksprüngen	Aussparungen	Ausführung
Spezifikationsdaten	Lastannahmen Konstruktionsprinzip Hinweise zum Gelände/zur Bodenbeschaffenheit	Vorgaben für die Schächte tragend/nicht tragend Lastanforderungen Erdbebensicherheitsklasse Feuerwiderstandsklassen (soll) Brandschutzanforderung geforderte Dichtheit Wärmeleitfähigkeit (soll) Eigengewicht	konstruktiver Aufbau Material, Qualität Oberfläche Zusatzstoffe Bewehrungsgehalt Brandkennziffer Stahleinlagen (Annahme) Hauptleitungsführung Dimensionierung Rohrleitungen Wärmeleitfähigkeit (ist) Dampfsperrwert (ist) Wärmekapazität (ist)	Spezifikationen zur Ausführung Feuerwiderstandsklasse (ist) Stahllisten Schalung (exakt) Vouten (exakt) Stahleinlagen (exakt) Leitungsführung (exakt)	Dokumentation
Hersteller- und Produktdaten	Vorgaben seitens Beteiligter	Systeme, Produkte	Hersteller- und Produktangaben der Hauptelemente	Hersteller- und Produktangaben der Komponenten/des Zubehörs Nachweise	Artikelnummer Prüfung/Abnahme
Kostendaten	Flächenkosten	Flächenkosten Bauteil	Kosten Einzelelemente	Herstellungskosten gesamt	Gesamtkosten Wartungskosten
Energiedaten	geforderte Energiewerte	Anforderungen an die Bauteile Speicherkapazität Wärmeleitfähigkeit (soll)	Graue Energie Wärmeleitfähigkeit (ist)	Nachweise	
Facilitydaten	Vorgaben für den Betrieb	Leistungswerte	Elementnummern	Liefer-ID	Nummern der Betriebseinheiten Garantien Lebenszyklen Wartungsinformationen

Bild 37: SWISS BIM – LOIN Definition

zu Beginn manuell erstellt werden. Ein solches Vorgehen erfordert eine hohe Exaktheit bei der Definition der Eigenschaften. Diffuse Bezeichnungsvorgaben und unklare Datenqualitäten führen zu einer ineffizienten Qualitätssicherung.

Zukünftig ist es das Ziel, die Datenanforderungen bereits zu Beginn von Projekten zu digitalisieren. Zu Beginn eines Projektes können mittels eines Merkmalservers, basierend auf den Zielanwendungen des Bauherrn, die Datenanforderungen digital generiert werden. Mittels offener Formate wie XML oder IFC können die Anforderungen bereits zu Planungsbeginn in die Autorensoftware verknüpft werden. Die jeweiligen Planer erhalten so eine klare Vorgabe an die Informationsausprägung und den Reifegrad je Leistungsphase und Anwendungsfall. Planer müssen auf diese Weise „nur noch" die verknüpften Attributsfelder befüllen. Auch ein Übererfüllen mit nicht relevanten Daten wird dementsprechend verhindert. Merkmalserver sind des Weiteren in der Lage, mittels XML auf den Datenanforderungen basierende Regelsätze zur Verfügung zu stellen. Der BIM(Gesamt)-Koordinator erhält also abgestimmte Regelsätze, basierend auf den Datensätzen des Merkmalservers.

Merkmalserver bieten eindeutig definierte Datenanforderungen, die vom jeweiligen Planer befüllt werden. Der Koordinator erhält Prüfregeln, die exakt die definierten Datenanforderungen auf Richtigkeit prüfen.

Auch der Übergang in die Betriebsphase wird mit der konsequenten Anwendung eines Merkmalservers sichergestellt. Dieser verhindert des Weiteren das Über- oder Untererfüllen der Datenanforderungen und hilft so, einen schlanken, kontinuierlich digitalen Bearbeitungsprozess zu initiieren.

Grundsätzlich gilt, so viele Daten wie nötig und so wenige Daten wie möglich zu generieren. Doch damit hört die digitale Reise noch lange nicht auf. Vielmehr befinden wir uns ganz am Anfang der digitalen Transformation. Was wird uns in den nächsten Jahren und Jahrzehnten wohl noch erwarten?

Kim Boris Löffler

hat sein Studium der Architektur 2008 an der Fachhochschule Erfurt mit der Vertiefung Konstruktives Entwerfen als Diplom-Ingenieur abgeschlossen. Von 2009 bis 2012 war er bei Werner Sobek beschäftigt und hat dort Erfahrung in der Planung und Optimierung bis zur Werkstattplanung von komplexen, größtenteils Stahl-Glas-Konstruktionen gesammelt. 2008 war er außerdem als Architekt für das Büro Werner Sobek in Moskau tätig. Seit September 2012 war Kim Boris Löffler bei Bollinger + Grohmann beschäftigt. Seitdem ist er als Leiter der Performative Building Group an unterschiedlichen Projekten mit den Schwerpunkten komplexe Geometrien, parametrische Optimierung und Fassadenplanung beteiligt. 2015 schloss er außerdem ein weiterbildendes Studium zum Fachingenieur Fassade an der Hochschule Augsburg ab. Seit 2017 war er als BIM Consultant tätig und ist in dieser Funktion seit 2020 bei der Firma DEUBIM beschäftigt.

15 Die nächsten logischen Schritte der Digitalisierung

Aber wohin transferieren wir uns eigentlich?

Die digitale Transformation im Planen, Bauen und Betreiben hat also viel mit den Methoden BIM und Lean zu tun. Auch sind digitale Zwillinge zunehmend eine Ausprägung in unserer Branche. Darauf aufbauend können weitere Themenfelder erschlossen werden, uns insbesondere die Bewirtschaftung unserer Gebäude erleichtern und auch den Lebenszyklus drastisch nachhaltig beeinflussen. Lassen Sie uns zunächst einen Blick auf die Kommune werfen und uns mit den anstehenden Veränderungen dort beschäftigen, um danach zu schauen, was aktuell in der Forschung und am Markt derzeit passiert.

Die nächsten Herausforderungen stehen bereits in den Startlöchern und ergänzen den klassischen Planungs- und Genehmigungsprozess. Das Ministerium für Heimat, Kommunales, Bau und Gleichstellung des Landes Nordrhein-Westfalen unterstützt verschiedene landesseitige Initiativen zur Digitalisierung im Bauwesen. Dabei stehen die Umsetzung des Building Information Modeling (BIM), die Digitalisierung des Baugenehmigungsverfahrens sowie die digitale Bauleitplanung im Fokus. NRW war 2017 das erste Bundesland, welches das Thema BIM mit in den Koalitionsvertrag seiner Landesregierung aufgenommen hatte:

„Bei der Einführung des Building-Information-Modeling (BIM) soll Nordrhein-Westfalen eine Vorreiterrolle einnehmen. Dazu werden wir das Expertenwissen aus Verwaltung, Wirtschaft, Wissenschaft und Hochschulen zusammenführen."

Dazu wurde ja bereits ein eigenes BIM-Competence Center (BIM-CC) installiert, wie bereits berichtet. Ein großes Aufgabenfeld liegt in der Unterstützung kommunaler Bauherren und Gebäudebewirtschafter bei der BIM-Implementierung. Damit soll diese Zielgruppe grundlegende Informationen erhalten, um künftig BIM-basierte Projekte schneller und einfacher umsetzen zu können. Mit der Erstellung der Handlungsempfehlung wurde die BERGISCHE UNIVERSITÄT WUPPERTAL beauftragt und wir durften mit der DEUBIM als Praxispartner das Projekt begleiten. Daher berichten wir stark mit dem Fokus auf Nordrhein-Westfalen, wobei auch andere Bundesländer bereits Aktivitäten in ähnliche Richtungen gestartet haben.

Es soll mit der BIM-Handlungsempfehlung der Informationsbedarf zur Einführung und Umsetzung der Methode BIM für den öffentlichen, insbesondere kommunalen Hochbau in Nordrhein-Westfalen zusammenfassend dargestellt und die Anwendung der Methode vorangetrieben werden. Bisher bestehende Informationen und Beispielprojekte beachten nur selten und unzureichend die spezifischen Bedürfnisse öffentlicher Bauherren und Gebäudebewirtschafter*innen. Vielen kommunalen Vertreter*innen fällt es daher schwer, BIM-Pilotprojekte aufzusetzen. „Den Kommunen in Nordrhein-Westfalen bieten sich mit dem Einsatz neuer digitaler Methoden große Chancen. Mit dieser BIM-Handlungsempfehlung möchten wir die besondere Rolle kommunaler Bauherrinnen und Bauherren bei der BIM-Implementierung herausstellen und sie dabei unterstützen, künftig BIM-basierte Projekte vergeben und bestenfalls eigenständig umsetzen zu können“, sagt Margo Mlotzek, Leiterin des Projektes beim BIM-CC im MHKBG. Um grundlegende Startinformationen zur Planung von BIM-Projekten zu sammeln, führte das BIM-CC ab Juli 2019 Workshops mit öffentlichen Bauherren in NRW durch und wurde dabei u. a. von der Bergischen Universität und auch der DEUBIM unterstützt.

Die BIM-Handlungsempfehlung soll ein gemeinsames Verständnis zur Anwendung, eine strukturierte Vorgehensweise und einen Überblick zum gegenwärtigen Entwicklungsstand in der deutschen Wissenschaft und Praxis darstellen. Ebenfalls sollen in der BIM-Handlungsempfehlung die grundlegenden Faktoren Prozesse, Mensch, Technik und Standards beschrieben werden.

„In einem ersten Schritt wurden nun die Bedürfnisse der Zielgruppe bestimmt, um passgenaue Handlungsempfehlungen formulieren zu können. Dafür analysierten wir den Status quo und bezogen Kommunen mit und ohne BIM-Erfahrung ein. Alle nordrhein-westfälischen Kommunen waren herzlich eingeladen, sich an dem Entstehungsprozess der Handlungsempfehlung zu beteiligen“, so PD Dr. Anica Meins-Becker, Leiterin Lehrgebiet und Forschungsgruppe „Building Information Modeling, Digitalisierung und Prozessmanagement“ an der Bergischen Universität. Die Handlungsempfehlung erscheint im Frühjahr 2021.

Das Onlinezugangsgesetz (OZG) sowie die E-Government-Gesetze verpflichten den Bund, die Länder und Kommunen, ihre Verwaltungsleistungen auch elektronisch über Verwaltungsportale anzubieten. Die nordrhein-westfälische Landesregierung hat sich zum Ziel gesetzt, die Kommunen bei der Digitalisierung des Baugenehmigungsverfahrens zu unterstützen.

Dafür hat Ministerin Scharrenbach das Modellprojekt „Digitales Baugenehmigungsverfahren in Nordrhein-Westfalen“ im Juni 2018 in das Leben gerufen: Zusammen mit sechs Kommunen – Köln, Dortmund, Xanten und Ennepetal sowie die Kreise Gütersloh und Warendorf – wird die Digitalisierung des Baugenehmigungsverfahrens für alle weiteren 206 Unteren Bauaufsichtsbehörden vorangetrieben.

Das Bauportal.NRW ist ein erster Baustein hin zum elektronischen Baugenehmigungsverfahren und zur digitalen Bauleitplanung:

Auf dem Portal werden folgende wesentliche Kernfunktionalitäten bereitgestellt: In der nutzerorientierten Informationsbereitstellung werden zielgruppengerecht alle Informationen rund um das Baugenehmigungsverfahren zur Verfügung gestellt. Im Antrags- und Dokumentenassistenten können Bauanträge digital direkt an die Unteren Bauaufsichtsbehörden in Nordrhein-Westfalen übermittelt werden. Dieses erfolgt über das Austauschformat XBau. Außerdem ist eine Kommunikationsplattform für die Unteren Bauaufsichtsbehörden geplant, wo die im Bauportal eingereichten Anträge kommuniziert werden können.

Eine weitere Entwicklungsstufe stellt der komplett BIM-basierte Bauantrag dar. Dabei ist die Stadt Dortmund derzeit Modellkommune, in der im Rahmen eines geförderten Projektes nicht nur das Antragswesen im Bauportal hochgeladen wird, sondern entsprechende Daten aus den Modellen gezogen werden können. Dazu werden die Modelle im IFC-Format direkt zur Prüfung an die Baubehörde übermittelt. Ziel ist es, ähnlich des in Singapur bereits über viele Jahre etablierten Prozesses, die Genehmigungsprozesse zu beschleunigen und so auch schnellere Investitionsentscheidungen in der Kommune zu ermöglichen. Entsprechend einer Modellierungsrichtlinie sind dabei genehmigungsrelevante Attribute in den Planungsmodellen anzulegen und in einer zum Prüfprozess relevanten Teilmenge an die Behörde zu übergeben. Eine eigene MVD für die BIM-Anwendung „Bemessung und Nachweisführung Bauantrag“ wird die Arbeit der Beteiligten erleichtern und automatisierte Prüfprozesse auf der Behördenseite ermöglichen.

DAS NEUE BAUEN muss aber in der Zukunft noch viele weitere Antworten auf die Herausforderungen unserer und kommender Zeiten bieten. Wie Christian Frey bereits berichtete, verbraucht die Bauindustrie etwa 50 % der Rohstoffe, die der Erde entnommen werden, und verursacht etwa 40 % aller Treibhausgasemissionen in Europa. Gleichzeitig ist die Bauindustrie eine der am wenigsten produktiven Schlüsselbranchen und „leidet“ unter Vollauslastung der Marktteilnehmer. Von denen dürfen daher keine echten Innovationen erwartet werden. Gleichzeitig steigt der Bedarf an bezahlbarem Wohnraum nicht nur in den Metropolregionen drastisch an. Schon heute fehlen in der Bundesrepublik jährlich 400.000 Sozialwohnungen und preisgedämpfter Wohnraum. Für Investoren ist die Assetklasse wenig interessant, müsste nochmals erheblich subventioniert werden. Die Baupreise stehen jeglicher Wirtschaftlichkeit im Wege. Die Kreislaufwirtschaft verlangt auch von der Bauindustrie Ansätze der Wiederverwertung und sortenreinen Trennung beim Rückbau.

Die in diesem Buch beschriebenen Grundlagen des BIM und Lean sowie das Erstellen und Nutzen digitaler Zwillinge führt das Düsseldorfer Start-up IMTI konsequent in eine weitere Methode der Projektabwicklung. Die Gesellschaft ist ein Unternehmen, das mittels eines innovativen Plattformansatzes und einer hochautomatisierten Matrixproduktion von holzbasierten Baumodulen (Modultecture™) in der Lage ist, Wohnraum und andere Gebäudeklassen mit erheblich reduzierten Kosten und CO_2-neutral gegenüber dem traditionellen Hochbau zu errichten. Darüber hinaus ist IMTI aufgrund der Nutzung der digitalen Gebäudezwillinge in der Lage, Gebäude aller Gebäudeklassen über ihren gesamten Lebenszyklus zu begleiten, und stellt ein offenes Ecosystem für die gesamte Wertschöpfungskette Bau.

16 Bitte nachmachen! *Checkliste für den Projekterfolg*

BIM und Lean sind also – einzeln angewandt oder auch in der Kombination – wertvolle Methoden der Projektabwicklung und tragen maßgeblich dazu bei, Steuergelder sinnvoll zu investieren und dem Bürger entsprechende bauliche Infrastrukturen bereitstellen zu können.

Wir, André Pilling und Paul Gerrits, haben für uns persönlich den richtigen Weg eingeschlagen und nutzen die Herausforderung der Digitalisierung, um täglich Neues zu erfahren, zu lernen und ausprobieren zu dürfen. Die Passion bringen wir in unsere Unternehmen ein, teilen sie mit Kollegen und gehen gerne auch gemeinsam weiterhin unsere Projekte an. Unser Anspruch ist dabei, jedes Mal ein bisschen besser zu werden und aus Fehlern zu lernen und zu ihnen zu stehen. Die Technologie schreitet voran, der frühere Mangel an Speicherkapazität existiert nicht mehr und die Standardisierung hat national, wie international einen Stand erreicht, der die Anwendung der Methoden ohne Risiko ermöglicht. Proptechs aus der Start-up-Szene überraschen mit ungewöhnlichen Lösungsansätzen und verändern traditionelle Prozesse grundlegend. Doch bitte keine Angst vor Neuem. Es wird niemandem schwindelig dabei, denn der Anspruch, den Menschen einen Lebens- und damit auch Arbeitsraum zu geben, ist seit jeher der gleiche – nur der Weg dahin verändert sich stetig.

Wir arbeiten mit Freude daran mit, begeistern Kunden, Kollegen und auch uns gegenseitig und würden nie mehr zurückfallen wollen auf die Abwicklung von Projekten, wie wir es in den letzten Jahrzehnten gemacht haben. Wir möchten Sie motivieren, in Ihren Projekten zukünftig auf die wertvollen Methoden BIM und Lean zurückzugreifen und sich dem Kulturwandel zu stellen. Haben Sie bereits Erfahrung gesammelt, nutzen Sie diese im nächsten Projekt, auch wenn es vielleicht irgendwo gezwickt hat. Dabei wollen wir Sie mit dieser Dokumentation unseres Hochbauprojektbeispiels unterstützen, Anregungen geben und Ihnen abschließend eine Checkliste an die Hand geben, die ein wenig abfragt, ob Sie in Ihrem Unternehmen, in Ihrem Projekt, das ein oder andere bedacht haben. Wir wünschen Ihnen viel Erfolg, Freude und wertvolle Erfahrungen bei der Umsetzung Ihrer Projekte.

Ihr André Pilling  und Paul Gerrits 

Nr.	Checkliste	Erledigt
Implementierung Organisation		
1	Ist die BIM-Methode in der Kommune, im Unternehmen ausreichend bekannt?	
2	Ist die Handreichung des Ministeriums für Heimat, Kommunales, Bau und Gleichstellung des Landes Nordrhein-Westfalen bekannt?	
3	Ist eine Umfrage zur Relevanz der Methode in der Kommune, im Unternehmen durchgeführt?	
9	Definition BIM für alle Projektbeteiligten bereitgestellt für ein gemeinsames Verständnis?	
4	Ist der BIM-Mehrwert für die Kommune, das Unternehmen untersucht?	
5	Sind die dazu relevanten Kompetenzen bereits ermittelt?	
6	Ist die Unterstützung des Geschäftszwecks mit der BIM-Anwendung geklärt?	
7	Sind Ihnen BIM-Anwendungen im Planen, Bauen und Betreiben bekannt?	
8	Haben Sie BIM-Ziele für die Kommune, das Unternehmen definiert?	
9	Sind die dafür relevanten BIM-Anwendungen ermittelt?	
10	Sind die BIM-Anwendungen auf Wertschöpfung geprüft?	
11	Sind geschlossene Ökosysteme vermieden und eine diskriminierungsfreie Vergabe für Ihre Projekte gewährleistet?	
12	Ist die Entscheidung zur Abwicklung künftiger Projekte mit der BIM-Methode und entsprechenden BIM-Levels auf Managementebene gefallen?	
13	Ist die Entscheidung zur Abwicklung von Projekten mit Lean gefallen?	
14	Sind die OIR definiert?	
15	Haben Sie die betriebsrelevanten Daten (AIR) definiert?	
16	Sind AIA-Vorlagen erstellt?	
17	Ist der Ausschreibungs- und Vergabeprozess BIM- und Lean-konform aufgesetzt?	

Nr.	Checkliste	Erledigt
18	Ist ein BIM-Rollenkonzept vorhanden und sind die BIM-Rollen strategischen und operatives Informationsmanagement zugewiesen?	
19	Ist ein Schulungskonzept vorhanden?	
20	Haben Sie eine Prozesslandkarte zum Informationsmanagement erstellt?	
21	Ist ein Qualitätssicherungskonzept zur Informationslieferung vorbereitet?	
22	Schnittstelle zu CAFM und ERP-Systeme definiert und Anforderungen an das CDE artikuliert?	
23	Anforderungen an digitalen Zwilling definiert? (z.B technologische Verbindungen wie IoT)	
24	Gibt es ein gemeinsames Verständnis von Terminologie und daten-semantischer Struktur?	
Implementierung Projekt		
25	BIM-Strategie aufgebaut?	
26	Ist eine Synergie-Betrachtung der Methoden projektspezifisch durchgeführt?	
27	Bedarfsplanung nach DIN 18205 erfolgt?	
28	Ist die Planung der Planung erfolgt?	
29	Wurde BIM im VgV-Verfahren inkl. Planungswettbewerb berücksichtigt?	
30	Wurde ein Kompetenz-Nachweis der Projektbeteiligten in Bezug auf BIM und/oder Lean durchgeführt?	
31	Ist der Mittelstand in Form von KMUs gebührend berücksichtigt?	
32	Haben Sie BIM-Ziele für das Projekt definiert?	
33	Sie die dafür relevanten BIM-Anwendungen ermittelt?	
34	Sind die PIA definiert?	
35	Sind die AIA erstellt?	
36	Vorvertraglicher BAP erstellt?	

Nr.	Checkliste	Erledigt
37	Sind den BIM-Anwendungen Verantwortlichkeiten und eine Leistungsphase zugewiesen?	
38	Ist die BIM-Anwendung HOAI Grundleistung oder besondere Leistung?	
39	Sind die BIM-relevanten Normen und Richtlinien bekannt und berücksichtigt?	
40	Koordinationsturnus definiert? (Im vorv. BAP abgefragt)	
41	Sind die Data Drops definiert? Welche Entscheidungen möchte ich datenbasiert unterstützen?	
42	Sind MVDs festgelegt?	
43	Modellierungsrichtlinie inkl. LoI und LoG Zuweisung definiert und bereitgestellt?	
44	Klassifizierungssystem festgelegt?	
45	Gibt es projektspezifisches Training?	
46	Ist ein BIM-Rollenkonzept vorhanden und sind die BIM-Rollen zugewiesen?	
47	Werkvertragliche Vereinbarung zu BIM getroffen?	
48	Qualitätssicherungskonzept zur Einhaltung von Kosten und Zeiten erstellt?	
49	Vergabekonzept in Bezug auf BIM und Lean-Methodik abgestimmt?	
50	Werte (Ziele) des Projektes für alle Beteiligten nachvollziehbar definiert?	
51	Wurde eine Wertstrom-Analyse eingeführt?	
52	Ist das Fluss-Prinzip eingeführt?	
53	Wurde das Pull-Prinzip eingeführt?	
54	KVP eingeführt?	
55	Sind die Projektinformationsanforderungen definiert?	
56	Ist das Leistungsbild BIM-Manager definiert und ausgeschrieben?	
57	DMS und CDE ausgeschrieben und bereitgestellt?	

Nr.	Checkliste	Erledigt
58	Sind Anforderungen an das „As-built-Modell“ (Data Drop) definiert?	
59	Verknüpfung mit Produktdaten gewünscht, Merkmalserver berücksichtigt?	
Durchführung Projekt		
60	BAP erstellt?	
61	BAP fortgeschrieben?	
62	Ist ein Qualitätssicherungskonzept zur Informationslieferung durchgeführt?	
63	Qualitätssicherungskonzept zur Einhaltung von Kosten und Zeiten durchgeführt?	
64	BIM-Koordination in Abhängigkeit von Planungs-, Bau-, und Bauherrenbesprechung durchgeführt?	
65	Wurde eine Wertstrom-Analyse umgesetzt?	
66	Ist das Fluss-Prinzip umgesetzt?	
67	Wurde das Pull-Prinzip umgesetzt?	
68	KVP umgesetzt?	
69	Sind an den Data Drops die qualitätsgesicherten Datenlieferungen erfolgt? Entscheidungen datenbasiert gefällt?	
70	Freigaben inkl. Informationsmanagement erteilt?	
Abschluss Projekt		
71	Wurde ein Soll-Ist-Abgleich in Bezug auf Zeiten, Kosten, Qualitäten durchgeführt?	
72	Wurden die Lessons Learned aus dem Projekt festgehalten?	
73	Daten zur Nutzung in BI-Tools für Projektdatenbank bereitgestellt?	

BIM-Glossar

2-D — **zweidimensional** Grundrisse, Ansichten und Schnitte werden als vektorbasierte Darstellungen in ein CAD-System eingebracht. Nachfolger des linienbasierten Bauzeichnens am Zeichenbrett; grafische Beschreibung von Flächen.

3-D — **dreidimensional** Grafische Beschreibung eines Körpers, räumliche Darstellung von Bauwerken unter Berücksichtigung der x,y,z-Koordinaten.

4-D — **vierdimensional** Die 4. Dimension bezieht sich auf die Verbindung zwischen 3-D und der Zeit. Diese Verbindung wird im Bereich der Simulation z. B. des Bauablaufs, durch die Verknüpfung von Modellelementen und Zeitkomponenten verwendet.

5-D — **fünfdimensional** Die 5. Dimension bezieht sich auf die Verbindung zwischen 4-D und Kosten. Mit dieser Verbindung werden modellbasierte Kostenschätzungen sowie der prognostizierte Materialaufwand ermöglicht.

6-D — **sechsdimensional** Die 6. Dimension bezieht sich auf Nachhaltigkeit und Facility Management. Damit geht die Lebenszyklusbetrachtung eines Bauwerksmodells einher.

AEC — **Architecture, Engineering, Construction** Mit AEC wird die gesamte Branche der Architektur, des Ingenieurwesens und das Bauwesen beschrieben. In der Planung bedeutet das: Architektur, Haustechnikplanung und Tragwerksplanung.

AG — **Auftraggeber**.

AHO — **Ausschuss** der Verbände und Kammern der Ingenieure und Architekten für die Honorarordnung e. V.

AIA — **Auftraggeber-Informationsanforderungen** oder **Austausch-Informationsanforderungen** (engl.: Exchange Information Requirements) Mit den EIR werden die Anforderungen des Auftraggebers hinsichtlich der zu erbringenden Informationslieferungen, Standards und Prozesse, die der Auftragnehmer erfüllen muss, beschrieben.

AIM	**Asset-Informationsmodell** (engl.: Asset Information Model), auch bezeichnet als Liegenschaftsinformationsmodell (LIM). Das AIM beinhaltet alle wichtigen Informationen eines Assets und soll die Instandhaltung, die Verwaltung und den Betrieb unterstützen.
AIR	**Asset-Informationsanforderungen** (engl.: asset information requirements), oft auch bezeichnet als **Liegenschaftsinformationsanforderungen (LIA)**, beschreibt die Informationsanforderungen der Organisation in Bezug zum Asset. Sie legen die betriebswirtschaftlichen, kaufmännischen und technischen Aspekte der Erstellung von Informationen für das Asset fest. Diese Informationen führen zum AIM und sind ein Teil der AIA.
AM	**Asset Management** bedeutet Vermögensverwaltung von Real Estate, das bedeutet, das investierte Kapital unter Ausnutzung aller Wertsteigerungspotenziale zu sichern und zu maximieren.
AN	**Auftragnehmer.**
„As-built-Modell“	Bauwerksinformationsmodell im Übergang zum Betrieb. Das Modell stellt mit seinen grafischen und nichtgrafischen Informationen sowie den verknüpften Datenbanken und Dokumenten die Gebäudedokumentation dar und wird während der Realisierung um Produktdaten und Seriennummern, z. B. von haustechnischen Komponenten, angereichert.
AR	**Augmented Reality** ist die computergestützte Erweiterung der Sinneswahrnehmung. Dabei werden insbesondere die visuellen Sinne durch die Überlagerung des realen Bildes mit virtuellen Inhalten genutzt. Anwendung im BIM2Field.
BAP	**BIM Abwicklungsplan** (engl. BEP – BIM Execution Plan). In diesem Dokument werden unter anderem die Zusammenarbeit der Projektbeteiligten hinsichtlich der zu erbringenden Informationslieferungen geregelt.
BCF	**BIM Collaboration Format** ist ein herstellerneutrales Datenformat und offener buildingSMART Standard. Das Format wird für den Austausch von Koordinationsnachrichten im Änderungsmanagement zwischen verschiedenen BIM-Softwareprodukten verwendet, bspw.: Lage, Perspektive, Verantwortlichkeit, betroffenes Objekt, Text.

Bestandsmodell	Dieses beschreibt die Ist-Situation von Bauwerken in einem digitalen Gebäudemodell (AIM) und dient oft dem Abgleich geplanter anschließender Bauwerksmodelle im Rahmen von Neubauten und Revitalisierungen. Die Erzeugung wird durch tachymetrische Aufnahme oder durch Laserscans erzeugt.
BGF	**Brutto-Grundfläche** umschreibt den Außenumriss eines Geschosses, wobei seine Konstruktion inklusive der Außenwände übermessen wird. Sie ist Bestandteil der DIN 277.
Big BIM	Big BIM beschreibt die interdisziplinäre, durchgängige Anwendung der BIM-Methode (Nutzung digitaler Bauwerksmodelle mit herstellerneutralem Datenaustausch), bei der die gesamten Potenziale der Methode über den kompletten Bauwerkslebenszyklus genutzt werden können. Dabei wird eine Minimierung von Datenverlusten ermöglicht.
BIM	**Bauwerksinformationsmodellierung** (engl.: **Building Information Modeling**) Eine offizielle Definition des BMVI laut Stufenplan Digitales Bauen: „Building Information Modeling bezeichnet eine kooperative Arbeitsmethodik, mit der auf der Grundlage digitaler Modelle eines Bauwerks die für seinen Lebenszyklus relevanten Informationen und Daten konsistent erfasst, verwaltet und in einer transparenten Kommunikation zwischen den Beteiligten ausgetauscht oder für die weitere Bearbeitung übergeben werden.“ Nach der offiziellen Definition der DIN EN ISO 19650 ist es die: „Nutzung einer untereinander zur Verfügung gestellten digitalen Repräsentation eines Assets zur Unterstützung von Planungs-, Bau- und Betriebsprozessen als zuverlässige Entscheidungsgrundlage. Zu baulichen Assets gehören unter anderem Gebäude, Brücken, Straßen und Prozessanlagen.“
BIM2Field	BIM-Anwendungen in der Realisierungsphase, insbesondere modellgestützte Bauzustandsüberwachungen über Wearables, AR- und VR-Anwendungen zum Modellabgleich.
BIM-Protocol	Einfache AIA in den Niederlanden.
bSDD	**buildingSMART Data Dictionary** basiert auf dem ISO 12006-3 Standard und stellt eine offene Schnittstelle und ein Klassifizierungssystem zur mehrsprachigen Verknüpfung von Daten und Produkten für das Planen, Bauen und Betreiben dar.

bS-GS — **buildingSMART Germany** ist das Deutsche Chapter des bSI, 1995 gegründet und in Berlin als eingetragener Verein ansässig.

bSI — **buildingSMART International** ist eine Organisation, die offene Standards im Bauwesen fördert. Früher bekannt unter IAI (International Alliance for Interoperability). Offene Standards sind z. B. IFC und bsDD.

CAD — **Computer Aided Design** rechnerunterstütztes Konstruieren und Entwerfen mithilfe von EDV.

CAFM — **Computer Aided Facility Management** ist eine Anwendung, die die Unterstützung des Facility Managements mithilfe von Informationstechnologie unter Nutzung von Datenbanken ermöglicht. Planung, Ausführung und Überwachung von betriebsrelevanten Prozessen wie Instandhaltung, Wartung, Inventarverwaltung, Reinigung sowie Umzugs- und Belegungsplanung.

CAFM-Connect 3.0 — ist eine bewährte Initiative des CAFM Ring e. V. zur Gewährleistung der Interoperabilität von Software, die entlang des Lebenszyklus von Gebäudedaten zum Einsatz kommt, unter Nutzung des IFC-Formates für den Betrieb.

CDE — **Gemeinsame Datenumgebung** (engl.: Common Data Environment) beschreibt einen digitalen Projektraum, der als Informationsquelle für alle Projektbeteiligten dient. Dabei werden grafische wie nicht grafische Informationen und Dokumentationen verwaltet, gemanagt und bereitgestellt.

Closed BIM — **geschlossene BIM-Methode** ist die Arbeitsweise innerhalb einer Software; setzt voraus, dass alle Beteiligten in der gleichen CAD-Software arbeiten.

COBie — **Construction Operation Building Information Exchange** Dateiformat zur Übermittlung von wartungsrelevanten Daten, MVD des IFC-Formats.

CoBIM — **Common BIM Requirements** beschreibt BIM-Anforderungen für Hochbauprojekte. Aufgeteilt in 13 Dokumente werden verschiedene Aspekte in Form eines Guides vermittelt.

CREM — Corporate Real Estate Management

DGNB	**Deutsche Gesellschaft für nachhaltiges Bauen e.V.** Aufgabe der Vereinigung ist es, Wege und Lösungen für nachhaltiges Planen, Bauen und Nutzen von Bauwerken zu entwickeln und zu fördern.
DIN	**Deutsches Institut für Normung e.V.** DIN-Normen sind freiwillige Standards, in denen unter Leitung eines Fachausschusses materielle und immaterielle Dinge vereinheitlicht werden.
DIN 276	ist eine DIN-Norm im Bauwesen, die zur Ermittlung von Projektkosten dient. Dabei werden in den Kostengruppen die einzelnen Bauteile benannt und klassifiziert.
ER	**Exchange Requirements** beschreiben im Rahmen des BIM-Datenaustausches eine spezifische Informationsanforderung für einen bestimmten Zweck oder eine weiterführende Nutzung.
ERP	**Enterprise-Ressource-Planning** unterstützt als Software die Einsatzplanung von Personal, Informations- und Kommunikationstechnik, Betriebsmittel und Material als effizienter Wertschöpfungsprozess zur Optimierung von betrieblichen Abläufen.
Fachmodell	Ein **Fachmodell**/Domänenmodell beschreibt das Anwendungsgebiet (Domäne) von Software (oder eines Teils davon) in der Sprache des Anwendungsgebiets und legt dabei den Fokus auf die „Fachobjekte“ (Entitäten), deren Eigenschaften und Beziehungen.
FM	**Facility Management**
GEFMA	**German Facility Management Association** 1989 gegründet versteht sich GEFMA als das deutsche Netzwerk der Entscheider im Facility Management (FM).
GFZ	**Geschossflächenzahl** ist mit der GRZ, der Grundflächenzahl, Bestandteil zur Beschreibung des Maßes der baulichen Nutzung. Sie ist die Addition der BGF unter Berücksichtigung der Geschosszahlen. Die GRZ und GFZ stehen im Verhältnis zur Grundstücksfläche.
GIS	Unter **Geoinformationssystemen** versteht man Informationssysteme, die eine Erfassung, Darstellung, Analyse und Manipulation räumlicher Daten ermöglichen.
GRZ	**Grundflächenzahl** s. GFZ

GUID	**GUID** Bauteil-ID zur software- und systemübergreifenden eineindeutigen Identifizierung von Bauteilen eines digitalen Gebäudemodells.
HOAI	Die **Honorarordnung für Architekten und Ingenieure** ist eine Verordnung des Bundes zur Regelung der Honorare für Architekten- und Ingenieurleistungen in Deutschland.
IDM	**Information Delivery Manual** Prozessprotokoll spezifiziert Anforderungen an den Datenaustausch und die Kommunikation im Verlauf des Lebenszyklus eines Projekts.
IFC	Die **Industry Foundation Classes** sind ein offener herstellerneutraler und länderübergreifender Standard im Bauwesen zur digitalen Beschreibung von Bauwerksmodellen in allen Planungs-, Ausführungs- und Bewirtschaftungsphasen.
ISO 9001	International anerkannte Normenreihe zur Qualitätssicherung im Organisationsmanagement.
ISO 16739	IFC ist seit dem Release von IFC 4 ein offizieller ISO-Standard.
ISO 19650-1	Norm zur Organisation von Daten zu Bauwerken – Informationsmanagement im BIM, Teil 1 Konzepte und Grundsätze.
ISO 19650-2	s. ISO 19650-1, Teil 2 Lieferphase der Assets.
ISO 55000	International anerkannte Normenreihe, die die Inhalte des Asset Managements beschreibt sowie Standardterminologien und Definitionen.
Kollisionsprüfung	Computergestützte (teil-)automatisierte Prüfung von Fachmodellen hinsichtlich Überschneidungen von Modellelementen zur Vermeidung von Kollisionen.
Koordinierungsmodell	Zusammenstellung aller Fachmodelle (Überlagerung) zur Koordinierung der Gewerke, Kollisionsprüfung und Gesamtansicht.
LOD	**Level of Development** beschreibt die für BIM-Objekte relevanten geometrischen und informativen Inhalte (LOG+LOI) und deren Umsetzung in den unterschiedlichen Detaillierungsstufen, auch LOIN.
LOG	**Level of Geometry** beschreibt den Detaillierungsgrad der geometrischen Darstellung von Objekten in einem digitalen Modell. Wird für bestimmte BIM-Anwendungen (z. B. Kostenermittlung) aufgestellt.

LOI	**Level of Information** beschreibt den Informationsgehalt von Objekten in einem digitalen Modell in Form von Attributen. Wird für bestimmte BIM-Anwendungen (z. B. Facility Management) aufgestellt.
LOIN	**Level of Information Need** beschreibt die für BIM-Objekte relevanten geometrischen und informativen Inhalte (LOG+LOI) und deren Umsetzung in den unterschiedlichen Detaillierungsstufen, auch LOD. Wird auch als Fertigstellungsgrad und für die Freigabe entsprechender BIM-Anwendungen zu einer bestimmten Projektphase beschrieben.
Modell	Digitales Abbild einer zu erwartenden Realität. Dieses setzt sich aus einer geometrischen Repräsentation und verknüpften Informationen zusammen.
Model Checker	Ein Prüfwerkzeug, welches mehrere Teilmodelle auf Kollisionen prüft und teilweise auch Regelprüfungen durchführen kann.
Model Viewer	Mit **Model Viewern** werden Softwareprodukte beschrieben, mit denen das digitale Modell in verschiedenen Aspekten betrachtet, jedoch nicht verändert werden kann.
MVD	**Model View Definition** beschreibt einen bestimmten Blick auf das digitale Modell, wobei nur relevante Bauteile für bestimmte Zwecke angeschaut werden.
Natives Format	Software- und herstellerabhängiges Dateiformat. Ist in der Regel nur in der Erstellersoftware einzulesen und zu bearbeiten.
NHN	**Normalhöhennull** beschreibt seit 1993 die amtliche Bezugshöhe in Deutschland.
NN	**Normalnull** war von 1879 bis 1992 die amtliche Bezugshöhe in Deutschland.
OIA	**Organisatorische Informationsanforderungen** (Früher auch OIA, nach engl.: organizational information requirements) beschreiben die übergeordneten strategischen Informationsbedürfnisse einer Organisation oder eines Unternehmens.

openBIM bedeutet in der Planungs-, Bau- und Betriebsphase eine Zusammenarbeit auf der Basis der offenen Schnittstelle (IFC), wobei jeder Projektbeteiligte die Wahl hat, welche Software er nutzt.

PAS 1192 **Publicly Available Specification 1192** öffentlich frei zugängliches Dokument herausgegeben durch die British Standard Institution. Besteht aus 5 Teilen, die unter anderem Aspekte des BIM Level 2 (UK) beschreiben.

PB 4.0 **planen-bauen 4.0 GmbH** Gesellschaft zur Digitalisierung des Planens, Bauens und Betreibens in Deutschland. Initiative aller relevanten Verbände und Kammerorganisationen der Wertschöpfungskette.

PIA **Projekt-Informationsanforderung** Grundlage für Auftraggeber-Informations-Anforderung AIA, reflektiert OIA.

PIM **Projekt-Informationsmodell (engl.: Project Information Model)** Bauwerksinformationsmodell während der Planungs- und Realisierungsphase, um die Planung bzw. virtuelle Darstellung des Assets zu vermitteln. Es trägt zum AIM bei und kann als Langzeitarchiv des Projektes dienen.

PIR **Projekt-Informationsanforderungen (engl.: Projekt Information Requirements)** erläutern die Informationen, die erforderlich sind, um auf strategische Ziele innerhalb des Informationsbestellers in Bezug auf ein bestimmtes Bauvorhaben zu reagieren oder als Grundlage dafür zu dienen.

PM **Property Management** bedeutet performanceorientierte Bewirtschaftung von Bauwerken. Dabei liegt die Betreuung von Mietern und Nutzern, Mietvertragsmanagement sowie die Vergabe an externe Dienstleister und deren Überwachungen in der Verantwortung des PM.

PREM Public Real Estate Management

Punktwolke durch einen Laserscan erzeugte Datenwolke, die einen dreidimensionalen Raum bezeichnet und oft auch mit fotogrammetrischer Kennung ein Abbild eines Bauwerkbestandes erzeugt. Mithilfe der Punktwolke kann ein Bestandsmodell modelliert werden.

TA — Die **Technische Ausrüstung** für Gebäude umfasst Grundleistungen für Neuanlagen, Wiederaufbauten, Erweiterungsbauten, Umbauten, Modernisierungen, Instandhaltungen und Instandsetzungen innerhalb der Gebäudetechnik.

VDI 2552 — **Richtliniensammlung des Vereins Deutscher Ingenieure** stellt den nationalen Standpunkt in den internationalen Standardisierungsaktivitäten dar. Im Koordinierungskreis BIM werden derzeit die 11 VDI 2552 Richtlinien, teilweise mit mehreren Unterthemen, erarbeitet.

VR — **Virtual Reality.** Computergestützte Darstellung der Wirklichkeit in Form von virtuellen, interaktiven Darstellungen, Modellabbildungen und -begehungen mittels VR-Brillen oder in einer VR-Cave.

Danksagung

Wir möchten uns ganz besonders bei den Mitarbeitern der POS4 Architekten Generalplaner, der DEUBIM, der EDUBIM und der Fa. PELLIKAAN für die Mitwirkung bedanken. Besonders zu erwähnen ist hier die Unterstützung durch Mohamed Maher Omar im Projektmanagement des Buches, Sarah Merz im Lektorat und Katharina Kollmann in der Teamassistenz sowie Sjef van Brunschot als Leiter des Digital Support Teams bei PELLIKAAN.

Die Inhalte dieses Buches sind in Zusammenarbeit mit Verbänden, Wissenschaftlern, Anwendern und ausgewiesenen Experten mit BIM-Hintergrund entstanden. Mithilfe vieler Interviews, Text-, Bild- und Modellbeiträge konnten wir einen Überblick zusammenstellen, der die ganze Bandbreite demonstriert, wann, wo und warum BIM Mehrwert für die Wertschöpfungskette Bau generiert. Besonderen Dank möchten wir buildingSMART Deutschland e. V. aussprechen, der als Vereinigung rund um die Digitalisierung dem Thema BIM seit Jahrzehnten ein Forum gibt. Ein besonders großer Dank gilt all unseren Gastautoren und Interviewpartnern, Dr. Christian Kuhn, Dr. Matthias Finke, Frank Schlutow, Adrian Wildenauer, Christ Swinkels, Stefan Studer, Christian Frey und Kim-Boris Löffler.